寻找生活——环球风格阅览

美洲地区

GLOBAL STYLE

来自新大陆

上海科学技术文献出版社
Shanghai Scientific and Technological Literature Press

目录

1459

目录

Canada
加拿大

优美的木质房舍，与大自然完美融合。

加拿大地处北美洲，是世界第二大国。北美洲北部的土地，除阿拉斯加半岛和格陵兰岛外，均为加拿大领土。东临大西洋，西濒太平洋，南部与美国接壤，北靠北冰洋，西北紧邻阿拉斯加，东北隔巴芬湾与格陵兰岛相望，漫长的海岸线达 24 万多千米。国土东部为丘陵地带，南部的大湖和圣劳伦斯地区，地势平坦，西部为科迪勒拉山区，北部为北极群岛，中部则为平原区，地貌丰富，景色宜人。加拿大属大陆性温带针叶林气候，整体气候温和但稍微偏冷，不过白雪皑皑美丽悠长的冬天也正是加拿大最迷人的风景之一。

多元化、折中主义，务实而又开放，再加上大自然培育起来的朴素和爽朗，孕育了加拿大特有的建筑和装饰风格，它集中地体现出典型的加拿大气质——那绝对是一种独树一帜的魅力。加拿大风格实际上是一种混合风格，非常难以定义。从大西洋到太平洋，从加美边界到北极冰圈，在这样辽阔的范围内，最早的建筑样式大约可以追溯到几万年前因纽特人打造的冰屋，或是西岸“黑达”族人建起的松木长屋，此类建筑如今依然可以在加拿大见到，甚至被作为“活化石”而备受保护。撇开古老的原住民建筑不提，加拿大的建筑风格，是在17世纪以后，随着欧洲大量移民而逐步树立起来的。不过，不同于欧洲各国传统建筑艺术风格脉络清晰的发展演变，加拿大差不多是在同一时期接纳了多种已经相当成熟的建筑风格：向古希腊古罗马文明致敬的古典风格；反映宗教力量的哥特风格；从意大利发源的文艺复兴风格和包豪斯引领的、注重结构和新技术应用的现代风格。这些建筑样式，以及它们之间的融合和影响，

加拿大普通的民居和院落，造型质朴。

高大笔直的杉木林间掩映着小巧的度假小屋，正是闲暇的好去处吧。

利用木石搭建的墙体，透出古朴苍老的气息。

乡间的院落和环境成为一个有机的结合体。

兼具住宅和码头功能的屋舍，享受临湖而居的浪漫风情。

木结构的民用住宅造型独特、质朴厚重，仿佛进入一个木材的世界。

阁楼上的壁炉倒不多见，披荆斩棘地父辈们就是这样围炉夜话的吧。

阳光充足的温馨小起居室，午后在此会友是再好不过的了。

形成了现在加拿大的建筑艺术特色，可以从渥太华、蒙特利尔、多伦多和温哥华这几个主要的城市中窥得一斑。

首都渥太华，保留了大量19世纪的古典风格建筑，绿铜屋顶的国会大厦，是典型的欧洲宫殿式城堡，主楼中央的和平塔(Peace Tower)富丽而又庄重，内部均由雕刻精美的大理石装修而成。大街小巷随处可见古色古香的公共建筑和教堂，玲珑趣致的咖啡店餐馆，流连其中颇有几分时光倒流的幻觉。法语区的蒙特利尔被称为“小巴黎”，城中有大量哥特风格的教堂，尖塔林立，森严华美，北美地区规模最大的教堂——圣母宫更是美轮美奂，因此蒙特利尔还有“尖塔之城”的美誉。位于安大略湖边的多伦多，在印第安语里是“会面之地”的意思，城中各种建筑风格杂呈却毫不突兀，与湖光山色相映成趣，正合“会面”之寓。温哥华则是另一种典型，这个“太平洋之门”的城市因为殖民路线的缘故历史并不长久，也因此成为现代风格最好的诠释地。

在普通民居方面，加拿大最具有特色的，是其造型质朴、装饰优美的木结构房舍。大部分国土为森林覆盖的加拿大，盛产各类杉木、枫木和松木，木结构房屋因此成为居住的首选。无论是住宅的结构，还是住宅的外装饰，木结构房屋能满足不同的个性需要。木结构建筑在加拿大，已成为工业化、规模化、集约化生产的产物，先进的木材加工技术使木结构建筑更具有生命力。木材的加工比较容易，可以根据住宅的设计，方便地制作出不同规格的建筑构件，比如房子的柱、梁、檩、椽，只要在允许的范围内，木结构框架的形式是可以灵活变化的，这些框架经过组合搭配，就可以建造出不同的房子，这种做法很像搭积木。因为是根据设计而制造的框架，所以施工的速度也非常快，从挖地基到完成内装修，几个月就可完成一幢房子。在加拿大

有限的空间因为色彩而生动起来，带有典型的南欧血统。

花鸟纹样的墙纸让房间显得很东方。

不加修饰的原木结构度假屋，壁炉让长达半年的加拿大冬季不再寒冷。

经典的乔治风格卧室，但鲜艳繁复的床具、靠垫和地毯显然是取自东方的情调。

装饰着雄鹿头角的餐厅，无疑是体验丛林生活的好去处，精致的欧式餐桌则确保了用餐的舒适，一举两得。偏高的床具是北美乡村家居的特点，回廊外的树影更显静谧。独特木艺墙壁和天花板，体现出加拿大人对木材的偏爱和独具匠心的运用。

几乎不会看到雷同的民居设计，这些木房子都是在预制的基础上按照主人的喜好随意搭建，它们大多拥有可爱的尖坡顶，外墙使用红色的薄砖，粉彩的油漆，屋顶喜采用较大面积的明瓦采光，或以沥青屋顶瓦盖铺设，巧妙地将功能性、环保性融为一体。多样的木材纹理和材质让房子仿佛拥有了各自不同的生命和呼吸，如同孩子们妙手偶得的积木游戏，显示出热爱生活的加拿大人无穷无尽的创意。此外，庭院设计也是加拿大人最重视的一环，无论是前花园、后花园、中庭花园或是下沉式花园，总是力求最大限度地发挥出房子与环境在行动、视觉、景观等方面的融通。

加拿大人这种关注建筑与自然和谐关系的风格法则，特别注重建筑与环境之间界限的突破，将自然界中的景观、植物、阳光、风和水，甚至声音、冷热温湿都考虑在内，以期达成空间与空间、功能与人之间的对话与沟通。这种偏爱，除了表现在对木质结构的坚持之外，同时也体现在

◤ 极具人情味的卧室，琳琅的镜框反映出主人的偏好。

加拿大人的室内家居装饰和陈设上，质朴、原始，带有岁月气息与自然触感，充满手工印记的材料和装饰手法是最受欢迎的。清新、明朗的线条，温和的大地色和自然的纯彩色是加拿大风格的符号，这会使房间显得通透、宽畅、明亮，色彩丰富，家具造型简洁舒适，但却总是能在细部找到不乏优雅的装饰，做工精致，富于强烈的个性，体现出以人为本、以自然为本的审美取向。而在陈设品方面，古朴稚拙的印地安人图腾头像和编制品，北方因纽特人的粗犷的手工艺品，来自欧洲各地的传统艺术品，来自东亚的各种木竹雕刻，标志着殖民时代光荣的航海主题装饰品，都是非常地道的加拿大风格标志。

◢ 伫立在屋子中间的质朴印第安雕刻木柱成为装饰眼，很好地中和了绘画屏风、丝绸桌布和法式扶手椅带来的浮华感觉。

United States
美国

◤ 朴素的红砖房子，是新移民漂洋过海的梦想。

◣ 阳光下华美白柱将门廊高高挑起，田园的豪宅是乔治风格的最佳体现。

美国是个幅员辽阔的国家，南北和东西跨度都很大。它东濒大西洋，西临太平洋，北靠加拿大，南接墨西哥，国土面积超过962万平方千米，位居全球第三，次于俄罗斯和加拿大。虽然立国仅两百余年，美国的历史倒正应了一句俗语：浓缩的，总是精华的。尽管无法与文明古国比较源远流长，但却有着它独树一帜的精彩。没有人会去质疑英国对于美国的意义，事实上，正是英国人缔造了这个国家。独立后，美国的领土迅速向大陆的西部和南部扩张，经历了铁血夕阳的淘金开发和争夺棉花与奴隶的南北战争，年轻的美国成为强盛而统一的国家。

作为一个年轻的移民国家，美国的建筑风格具有先天

清爽简单的小餐厅，只有古旧的壁炉和墙上的肖像画能让人联想起这房子悠久的过往。

布艺沙发，碎花墙纸，还有织物的装饰画，主人一定是个疯狂的布艺爱好者，居室也极具温馨感。

的混合特征，英国、法国、意大利、德国、西班牙等欧洲国家的文化传统、风俗习惯、建筑和装饰艺术都在这片土地上显示出了各自的影响力。美国的建筑风格具有先天的混合特征，虽然混合风格并非美国独有，但这里的混合风格确是独一无二的：不是渐进的演绎融合，而是几乎同一时期的兼收并蓄，众多成熟的艺术风格比邻共处，并因务实开放的新大陆式审美倾向而呈现出富于想象力的功能化创意，常常予人耳目一新之感。正因如此，要对美国的风格化建筑进行分类是颇困难的，它们有各自不同的流行时间，但又在相当长的时期内同时并存，大致上可以分为古典风格、中世纪哥特风格、文艺复兴风格、现代风格等几大类。

美国的古典风格分罗马风格和希腊风格两种，罗马风格在 18 世纪前风行一时，简单的三角形屋顶、大方的三角

ABRAHAM·
LINCOLN·
GRA·NT·PR
COLFAX·VI
&THE·UNION
FOREVER 1869
THE·
UNION·
STAR·
THIS QUILT WAS MADE 1869
BY ELIZABETH HOLMES IN HER 68TH YEAR

楣、按中心轴排布的长窗是其典型的外观要素。希腊风格则在 19 世纪中前期十分盛行，例如十二棵橡树庄园，便是以经典的希腊柱式承载着人们对优雅古典文明的敬意和怀念，以及对简单平静的田园生活的向往。低坡度的屋顶山墙或四坡顶、与屋檐等高的古典式门廊，总是由若干轻盈的立柱支撑，考究的正门横向装饰上楣带以及尊贵的大理石材质，是古典风格最具辨识度的特色元素。

中世纪风格，对于美国来说主要就是都铎风格。混合着哥特式的陡峭双面尖顶、雉堞、塔楼，但又已经结合了古典的对称构图，独特木构架修饰出独特的露木效果，深色木坡材和淡色墙面非常具有形式美感，并且很容易予人

◤ 楼梯的角度略显凌厉，为房间增添了现代感，但优美古典的镜台依然流露出世家的风度。

◥ 美式壁炉在空间中占据一席之地。

◣ 空间虽然不大，但舒适的沙发和壁炉让居家的气氛越发浓郁。

◢ 繁琐细致的壁炉饰边，是后期移民喜爱的维多利亚风格。

◢ 色彩浓郁的地毯让整个房间变得热烈丰富起来。

人物画是美国人喜爱的装饰品，无论是艺术品位还是家族历史，在他们华美的起居室里都可以一一领略。

◤ 精工细作的餐桌椅展示出19世纪工匠们非凡的手艺，玲珑的线条与房间华丽的色彩风格非常吻合。

◥ 朴素的民居，室内以木质隔板划分功能空间。

◢ 窗帘的布艺为端庄的空间增添些许清逸的田园基调。

深刻的印象。此外，注重墙面整体装饰的史迪克风格和“绷带式”德国风格，以及凝重的古堡风格均源自于展现中世纪神权的哥特风格，其高而陡的坡顶、垂直升天的装饰线条、厚重的石墙和古色古香的塔楼，在乡间宅邸中都是非常受欢迎的元素。

文艺复兴风格在美国最为突出的代言人是流行于整个18世纪的乔治风格和亚当风格。乔治风格是意大利文艺复兴风格传入英国后的派生物，也是对美国建筑影响最大的艺术风格。摒弃了神权的象征，乔治风格非常注重和谐、对称、均衡的建筑构图法则，正立面常有古典门廊，喜欢以长方形雕花图案作为装饰，屋檐和廊檐均有齿饰，窗户中央对称，但分割得更细，呈小网格状，白色的石膏带来充满美感的雕塑内饰，天花的预制花边饰条更是华丽丰裕。亚当风格则是乔治风格的延续和精华，亚当兄弟偏爱的加长屋檐齿饰以及有装饰窗修饰的墙面，至今仍是新英格兰地区最富代表性的建筑符号。

现代风格是最具有美国本土特质的建筑风格，流行于20世纪早期的草原风格和工匠风格是其最有影响力的代表。草原学派的芝加哥建筑师们突破性地将整体协调观念引入设计风格，注重建筑与环境、家具、陈设品的和谐统一，通过宽敞、舒展的露台和盘旋式缓坡屋顶，搭配美国中西部苍茫大气的自然景观，同时以开放式的室内空间布局满足人性化的功能需求，在美国现代建筑史上留下了不可磨灭的印记。而工匠风格的缔造者格林兄弟（Charles Sumner Greene，1868—1957；Henry Mather Greene，1870—1954）同样成就非凡，他们以传统精致的手工艺传递出木、砖、石等自然材质的美妙质感，那些精雕细刻的橡木、柚木和桃木被天衣无缝地嵌入建筑的各个角落，尤以花园和消闲的凉廊为最，完美地展现出设计的精髓，使建筑本身成为不可复制的工艺品。此后，衍生而出的还有L形的平面布局，

◤ 一架复古钢琴吸引人的眼球，宁静的琴室营造出灵动的艺术气息。

◢ 明亮的大厅中优雅的弧形楼梯盘旋而上，是乔治风格的典型符号。

隆重的雕花木架大床，是沿袭了贵族的品位，精致的窗幔同样低调的奢华。

低坡度屋顶；大型的后花园牧场风格和分层风格，平坡屋顶且立面简单光滑；柱梁外露的现代风格，屋顶分割成几个不同朝向的斜面；墙面以水平、垂直、对角的细长木条排列装饰的棚屋风格……多种现代建筑风格，均为沿用至今的基本民宅款式。

此外，西班牙风格也是美国极具特色的建筑风格之一，以多弧形的墙面、窗户和装饰线条，连续立柱支撑的长廊，以可爱温馨的红色瓷瓦屋顶、小巧玲珑的庭院为主要特色，与加利福利亚南部宜人的热带海滨风光相映生辉，别具一番意趣。

淡绿的墙壁和深色的家具对比强烈，空间变得清爽灵动。

典型的西部农舍，原木的壁板和毫无装饰的家具，简洁的居室搭配出和谐的美丽。

ON LAKE GEORGE

Yucatan 尤卡坦

◤ 16 世纪漂洋过海的哥伦布们在新大陆的山水里回忆着家园的风貌。

◥ 令人喜悦的玫瑰和橙黄映衬着澄澈的蓝天，生命和文明代代相传。

◣ 明亮的粉墙，优美的装饰门廊，致密的石材地面，累累缀缀的繁花绿树，庭院中安静的水景，正是南美殖民风格的体现。

◢ 端正的木梁结构是玛雅人建筑的特色。

尤卡坦是位于中美洲墨西哥湾和加勒比海之间的一个半岛，从中美洲本土向东北方突出，半岛的大部分地区属于墨西哥的坎佩切州、金塔纳罗奥州和尤卡坦州，中南部和东南部则属于危地马拉的领土范围。尤卡坦半岛平均海拔不足 200 米，海岸线长达 1100 千米，海湾众多，大小岛屿星罗棋布，风光旖旎无限。

砂糖般洁白的沙滩，遍布棕榈树的渔港，珍禽出没的红树林，温暖奇幻的珊瑚海，尤卡坦半岛处处都是加勒比海迷人的风光，但最最美丽的却是从雨林深处闪烁而出的玛雅文明的光芒，照耀在山村、田野、城镇间，隔着千百年的岁月，依然活色生香。

朴拙的茅草屋是玛雅人延续千年的传统居所。

工艺质朴的木藤家居让人流连忘返。

造访尤卡坦，就有机会了解玛雅——美洲印第安文明最辉煌的篇章。可以上溯到公元前2500年的古代玛雅文明，正是以尤卡坦半岛为中心发展起来的。玛雅人在公元前400年左右开始形成国家，公元初年在南部贝登伊查湖（Peten Itza）和乌苏马辛塔河（Usumacinta）流域营造出繁华的城邦，公元5至6世纪在北部又再度建起奇琴伊察（Chichen Itza）、玛雅潘（Mayapan）和乌希马尔（Uxmal）等著名的城市。玛雅文明在9世纪达到文明鼎盛的巅峰，创造出发达的灌溉农业，在天文、数学、历法、雕刻技术等方面有着至今让人无法理解的卓越成就，但却在11世纪之后不可思议地戛然而止，突然回到了刀耕火种的原始状态。1519年，西班牙探险家科尔特斯（Hernan Cortes，1485—1547）率领西班牙军队登陆美洲，“铲除一个文化，如同路人随手折下路边一朵向日葵”的殖民者无法理解草衣树屋，却能计算准确太阳历的矛盾，于是斥之为“魔鬼干的活儿”，

将残存的玛雅部落和他们保存的历代典籍文献彻底摧毁，玛雅文明就此湮没在了浓绿沉寂的丛林深处。

但玛雅并没有失落，它依然在尤卡坦半岛生生不息。宏伟的宫殿和城市遗迹，浓丽的色彩和纹样，灵动的雕刻和绘画，精美的陶罐和金器，每一处都是玛雅灵魂的颜色，鲜活明亮如烙印般深刻。

玛雅的建筑装饰风格之一体现在工程学和天文学的完美结合，其中具有代表性的就是金字塔。有“新大陆的希腊人”之称的玛雅人擅长兴建阶梯式金字塔形神庙，作为

◤ 瓷砖是西班牙人的最爱装饰元素，在奔放的尤卡坦人手中，则在细腻中显出几分豪爽来。

◢ 造型奇趣如童话世界的大门，好像节日里人们的笑脸，幸福也就有了实际的形状。

卧室的氛围在平静中显出张力。

战争、节日、祈求丰收等诸多活动的场所。他们对坚硬的石料进行雕镂加工，堆土为山，外铺整齐的大块石板，用蜂蜜、蛋清和石灰调浆粉刷，砌成阶梯通往塔顶，再以雕刻、壁画和纪念碑进行装饰，同时在高度、宽度、倾斜角度、台阶数目、排列方式等方面，巧妙嵌入天文知识，完成庄严神秘的宗教功能和装饰效果。例如最富盛名的库库尔坎（Kukulkan）金字塔，高 30 米，塔基呈四方形，共分九层，由下而上层层堆叠逐渐缩小，四面各有 91 级台阶，直达塔顶。四面的台阶总共 364 级，再加上塔顶平台，正好 365 级，是一年的天数；九层塔座的阶梯又分为 18 个部分，这又正好是玛雅历一年的月数。玛雅人崇信太阳神，他们认为库库尔坎，即带羽毛的蛇，是太阳神的化身。他们在库库尔坎神庙朝北的台阶上精心雕刻了一条带羽毛的蛇，蛇头张

橘色的墙壁仿佛带来满室的水果味道。

粗硕的木雕桌腿满是原始的意蕴。

醒目的圣母圣婴油画，在南美风格中传递出欧洲古典的审美趣味，和谐统一。

开放式的庭院将阳光与自然的惬意无限放大。

口吐舌，形象逼真，蛇身却藏在阶梯的断面上，只有每年春分和秋分的下午，太阳光正好照射在斜面上，蛇身的线条突然清晰显露，一条飞动的巨蟒自天而降，观者无不咋舌曲膝。

除了神秘宏大的古典建筑遗迹，玛雅的建筑装饰风格更多体现在尤卡坦半岛生动明媚的民居上面。简单的形制和艳丽的色彩组合出无法言传的独特魅力。屋顶两面有坡度的尖顶茅草小屋是玛雅人民居的基本款式。这种茅草屋长方形，圆锥形顶，墙壁由树枝和泥或未打磨的石块制成，用一个撑杆结构挑高，以支撑两面坡度的尖顶茅草小屋，

◤ 纯彩色总是尤卡坦人的最爱，无论室内室外，仿佛总有蔬果和阳光的味道。

◢ 醒目的蓝色让起居室顿时仿佛有清新的海风吹拂。

可爱的厨房以小块瓷砖的装饰作为主题，朴素而美丽。

其结构非常类似于中国建筑的梁柱结构：四柱立墙，墙上架梁，梁上架顶。茅草屋被刷成各种明亮的高纯度色彩，红色、蓝色和黄色是最常见的，玫瑰色、橘色和绿色也是非常受欢迎的色彩，强烈的对比效果显示出玛雅人对于太阳和生命的崇拜，而极为简洁，甚至略显粗糙的廓形线条又流露出玛雅人纯朴安静的审美倾向。用大自然的变幻不定的光影角度作为调节元素，在一天的清晨、正午和黄昏，一年的四季轮换中，展现建筑的美感，更是富于返璞归真的古玛雅文明精髓，经历 2000 多年的洗礼，仍然保持不变。而部落图腾绘画、几何纹样织毯、硬木雕刻、彩绘陶盆、

明亮的玛雅蓝仿佛一泓清泉流淌过灼热的橙色沙漠，精致的手工器皿件件都有印第安的灵魂，强烈的对比显出勃勃生机。

蓝色的卧室，玛雅人对于代表森林和水的色彩总是情有独钟。

太阳投射在白墙上形成奇妙的光影，让可爱的绿色植物和款式奇特的藤椅都成为画中一景。

手工铜器等则同样是组成玛雅装饰风格的基本要素，随处可见。特别值得一提的是绚丽的“玛雅蓝”，因为尤卡坦半岛相对干燥少雨，玛雅人于是把蓝色和雨神联系在一起，大量地用在陶器、壁画和外墙装饰上，成为鲜明的标志性元素，非常独特。

Mexico
墨西哥

◤ 墨西哥的街道从来不缺少色彩的渲染。
◥ 蓝色是墨西哥最神秘的颜色。
◣ 色彩艳丽而又封闭的墙壁是墨西哥人性格的反映。
◢ 石材的冷峻与木材的温润，共同塑造了墨西哥人矛盾、温柔却亲切的性格特征。

任何对墨西哥风格的探究都包括了一个通往过去的旅程。在过去三千多年的历史中，墨西哥见证了很多的鲜血和动乱，伴随着每一次战争和文明：奥尔梅克文明，韦拉克鲁兹文明，玛雅文明。随着1519年西班牙人的到来，墨西哥在短短的几年内就感受到了周围世界的冲击和影响，墨西哥成了一个殖民地财富聚集地。今天仍可以从其建筑和设计的各个方面看到欧洲的影响。但一直到1910年墨西哥十年革命，印地安人开始恢复这片土地，欧洲的影响力量才渐渐被消除。意识形态渗透到艺术领域，标志着艺术革命的开始，随着艺术家们追溯到前西班牙殖民时代以寻求灵感和激情，开始了20世纪的文艺复兴，墨西哥逐渐定

朴实的原木桌打造出墨西哥独有的乡村味道。

蓝色和黄色的搭配是墨西哥风格的典型符号。

义了一种独立的新形象。

在西南部的摩勒里亚，殖民地居民的避难所提供了一种室内外统一的样式风格，与此不同的是，南部城市瓦哈卡则是远古与现代风格的一种多样融合。周围村庄出产的一些精美的传统针织艺术品保留了古代的传统。再往南，殖民地小镇克斯多泊仍然是传统印地安艺术的文化中心，这也是墨西哥风情最主要的源泉之一。在这里，印地安人世世代代编织着传统的毯子和服装。艺术家、建筑师、雕刻师、陶工等，他们的创意联系着历史和宗教。通过他们的创造，我们可以真正地认识和理解什么是墨西哥风格。

对于墨西哥的感觉，首先映入眼帘的是那强烈的颜色：明亮宁静的蓝，鲜艳热情的红，亮丽包容的黄，亲密温柔的粉……这种大胆的泼墨一如墨西哥人的热情，奔放却又有些神秘的性格。抬头仰望那湛蓝的天空，低头俯视斑驳锈

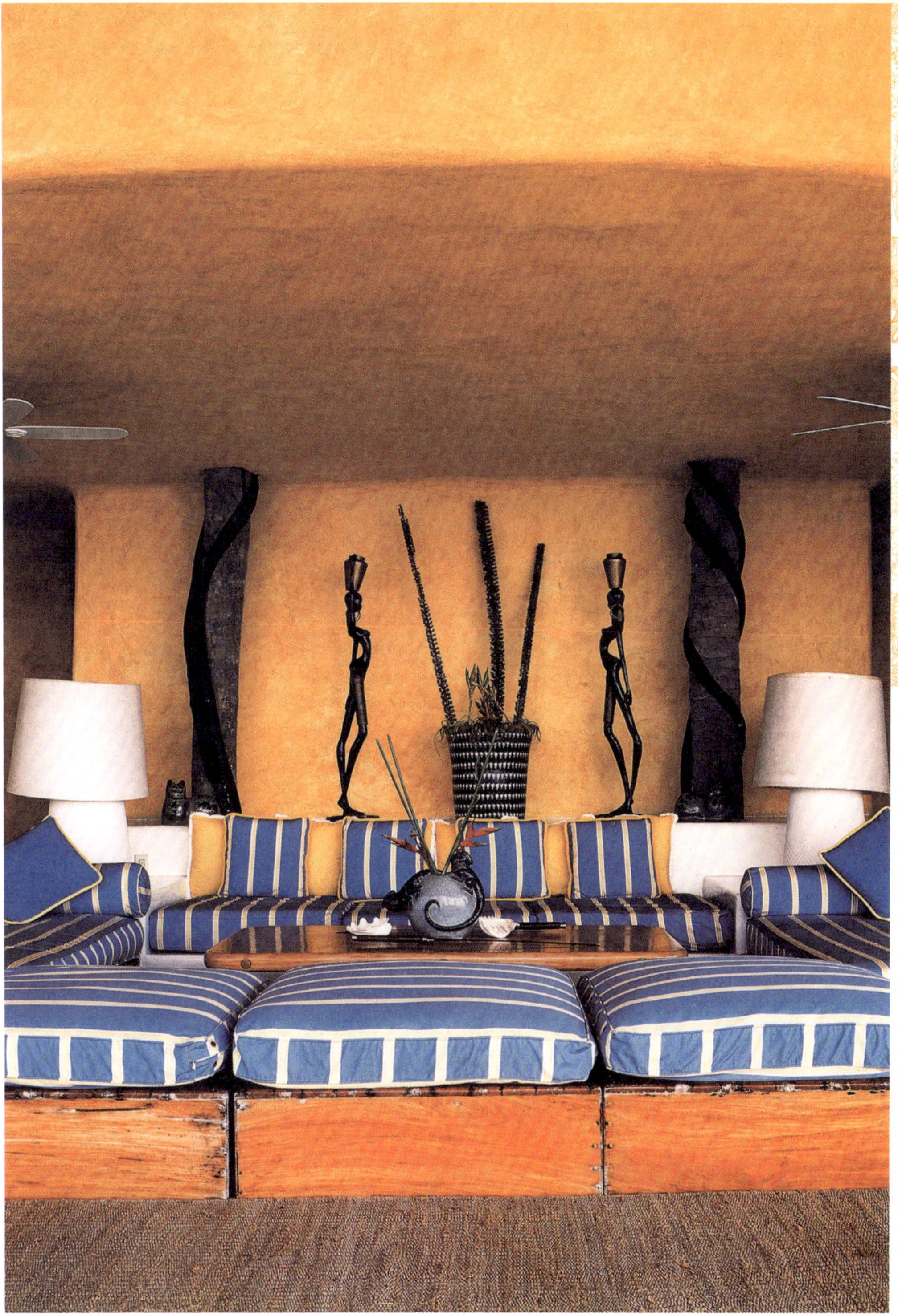

052

色的粉墙，再一瞥那正在刺绣土耳其围巾的妇女和街头飘舞的蓝银色气球以及五彩斑斓的吊床，色彩摇曳着我们的视觉感受。颜色，这个微不足道的语言，传达着墨西哥样式的精髓。

墨西哥人不断地吸取着也许偶然的生活灵感，创造出如此赏心悦目的配色方案，他们是天生的配色高手，不同颜色的搭配产生出戏剧性的效果，奇妙而令人振奋，这也许是墨西哥诸多感觉中最重要的方面之一。墨西哥人喜欢单纯的颜色，他们把颜色大体块地应用于生活的各个方面，从城市到工艺品。这种直接而明了的表现，丰富了城市的肌理，给也许庸常的生活带来几许的暖意，当然这也不是一成不变。色彩的组合又是另一种斑斓，这种没有固定规则的五彩组合同样让人过目难忘，墨西哥的吊床已经成为墨西哥风格的显著标志之一。

◤ 墨西哥家居风格完全打破了以往材料和颜色上的束缚，回归到拉丁人热情爽朗的本性中来。

◢ 难得一见的古典墨西哥风格，繁琐优美的织物带着印加气息扑面而来。

端景处的马鞍昭示着曾经的骑士风范。

楼梯没有华丽的装饰，但简约中透露着现代时尚。

精美的木质楼梯扶手和瓷砖都在暗示着昔日的奢华。

植物的运用说明了墨西哥人对绿色的喜爱。

不经雕琢修饰的台阶反衬出古朴韵味。

现代设计中，你依旧不难看到墨西哥风格的影子，很多设计师从中找到不同的灵感：大面积的色块特别富有表现力，简单而明了地隐喻了空间的性质，同样蕴含着设计师最丰富的感情。不同的色彩代表着不同的性格，而这种色彩强烈的对比又使得空间充满强烈的感染力。在室内，是白色、黄色粉刷的墙面，天然纹理的地面，黄色的木制家具。这种表现使得空间增添了几许亲和力，克服了极简主义的冰冷与节制，也算得上是如今比较时髦的手法之一了。在庭院，卵石自然拼贴的纹理加之质朴的陶罐，又形成一个极具冥想的空间。墨西哥人对于现代设计的影响看来是不可小觑的。

当然从颜色就不能不推及样式，从这紧密相连的两方面可以使得对墨西哥感觉的表现更加妙趣横生。风格与样式使得艺术品不仅仅是一个美丽的物件，而且可以表达历史，传递已经不再有的过去。这种与过去纷繁复杂的关系使其充满了一种独特的魅力，成为一种具有怀旧色彩的标志，被深深地打上了民族的烙印：历史的变迁、民族的融合、侵略与征服、对自然的畏惧和崇拜……

对于太阳金字塔，任何一个熟悉墨西哥文化的人都应该知道，那精美的石刻是墨西哥风格不可缺少的一部分，而石刻上的几何图形，从玛雅到西班牙殖民时期，一直以不同的形式变换着，不同颜色与几何形状的结合使得它质感丰富，对比强烈。墨西哥人喜欢自然，喜欢花，大自然便成了最好的艺术创作源泉，首先反映在着色、造型及陶艺设计：最缤纷的色彩，却是最直接的感受；从 16 世纪西班

◤ 疏朗空阔的度假棚屋，远处的蓝天碧海尽在眼底。

◢ 黄色在墨西哥装饰艺术中扮演着重要的角色，是室内装饰、木制家具和陶器常有的选择。

艳丽的红色搭配厚重简洁的家具，视觉冲击力非常强烈。

造型曼妙的烛台和吊灯是起居室的装饰亮点。

简单的形式却蕴含着最丰富的情感，柜子的形象最能表达墨西哥的一种最难于表达的气氛。

楼梯划分了空间，是极为现代的装饰元素。

楼梯是墨西哥人钟爱的室内结构。

传统风格的瓷砖让人回想起过往灿烂的文明。

牙人到来后，西班牙风格又开始风行：柱式、拱券、十字形的教堂……到了 18 世纪，法国人占领了墨西哥，法兰西风格又开始流行，螺旋形和卷曲形带有典型的洛可可风格。

任何形式都需要一定的材质去表现，不同材质的组合具有独特效果。同样，浓郁的墨西哥风情也需要独特的材质去表现，从而形成自己的特征，显示了一种可识别性，并进而演变成了一种符号，给予我们直接而明显的提示。

对于材料的运用，墨西哥人已经形成了既定的模式，陶、瓷、木、石，这些乡土的材质共同构筑成墨西哥令人难忘又炫目的视觉冲击。当你看到蓝白相间的瓷砖，你便可以想到这是墨西哥的，从 16 世纪发展起来的制瓷工业与当地阿兹特克人特有的图案和鲜艳色彩的结合，使得西班牙风格有了一个崭新的概念。如今这些锡面砖已经传播到了世

界各地，成为墨西哥文化的一种象征。如今的建筑师熟练地运用着木头和石材，凭借着他们对建筑的激情，再创了以印象派为代表的前西班牙风格的复兴。石材的冷峻与木头的温暖，共同塑造了墨西哥人矛盾、温柔却亲切的性格特征。还有陶艺，这种古老的手工艺最能代表墨西哥的文化与历史，它吸收了包括西班牙以及中东等许多地方的手法和样式，成为墨西哥最著名的艺术。现在，在很多艺术家的藏酷空间里，只需一个或者一组墨西哥陶罐就能营造出一种神秘气氛，真是让人惊慕不已。

由各式材料构筑的建筑更表现出强烈的地域特色，当然它也是国家黑暗与流血的过去的例证。从萨巴特克金字塔、西班牙庄园到17世纪法式教堂都显示了失败者的没落和征服者的胜利。对于建筑的印象首先在于对墙的感觉，墨西哥的墙壁看似秘密与惊奇的守护者：高大、封闭，配

◤ 蔚蓝色表达了墨西哥人对大海的偏爱。

◢ 庭院的搭配生机盎然。

宽大的起居室按欧洲风格布置，水晶吊灯和维多利亚风格的家具展示出墨西哥的殖民历史。

直线和纯色是墨西哥的标志元素，搭配不同，效果各异。

合着轻快的色彩——粉红、明黄，用它的不可渗透保护着自己的隐私。西班牙人对立面装饰要求较低，过量装饰会引起非议，古典的不加修饰的拱、柱代表着它的建筑风格，但在一种 plateresco 风格中，正立面却装饰得非常豪华，就像墨西哥银器一样，这种对比很是有趣。墨西哥人对光影的相互作用有着深刻的理解，窗户很好地反映了这方面的特色。为了避免午后骄阳的直接映射，他们用百叶窗遮阳，还用窥视孔留出一道缝让阳光能射进屋内，在海边还要开个窗户欣赏海景。屋顶不仅挡风遮雨，而且还是装饰细节的展现，无论是海边棕榈树编制还是山间村落瓦片做的屋顶，都是工匠技艺的体现。同时，这还需要很多方面的知识，比如，棕榈树叶需要晚上采割，因为这时比较柔软。

现代设计师充分吸取了墨西哥文化的精髓，并且进行了富有才情的表现。一大片火成岩铺设的庭院，整片涂有

明黄色彩的墙壁，一组陶罐，等等。这种组合给人的难于名状的感觉只有墨西哥才有。步入室内，深色的原木家具反映了墨西哥与西班牙的相互交融，而阿兹特克人的宫殿里，家具却繁琐而奢华。在西班牙殖民地时期流行的欧式家具吸收了东方的样式，很多设计经久不衰，并广为流传。再步入广场式庭院，你会发现墨西哥人与水有着千丝万缕的联系，在大多数露天广场和街道等公共场所都能找到它。在私人住宅里，喷泉是院子的中心，水是宁静祥和的象征。墨西哥人把大面积的静水与喷泉结合起来，形成对比，就得到了反映强烈情感的场所。同时，在这里植物自由地舒展，到处爬满了藤蔓。这种人与自然深层次的联系早已潜移默

◤ 现代的家具结合上民族花纹之后总能带来特别的质感。

◥ 原始的纹样普遍流行于古建筑中。

◣ 17世纪时，蓝白的瓷砖变得普遍起来。

◢ 现代的设计总能从传统的图样中汲取无限的灵感。

◢ 瓷砖纹理整齐划一，扩大了原本的艺术感。

色彩是最丰富的设计语言。

裸露的屋顶结构有种淳朴的气息，农舍小憩的周末格外闲适。

化地进入墨西哥人的脑海之中。

勤劳与智慧的墨西哥人创造了如此灿烂而又特征鲜明的文化，当我们踏入墨西哥，无论是如诗如画的农村小镇，还是熙熙攘攘的山村集市，你始终会发现，所谓的美，异乡的美，风格，浓郁的异族风格，它始终在你身边。一段墙壁，一汪清泉，一扇木门，甚至一只气球，都向我们传递着只能意会的情感。

Cuba
古巴

◤ 连续的拱券让空间有一种优雅的气质。

1492 年，哥伦布驾船发现古巴。他在日记中写道，这是一个被热带雨林覆盖的岛屿，花美果丰，无数的小鸟在河畔的树林里甜美地歌唱。这个岛屿是人类的眼睛所见过的最美的地方。但是，他继续写道，一个地方如此丰美，它必然也极为有利可图。这句话似乎预示了古巴后来的命运。从那时起，古巴就沦为西班牙的殖民地，到 1620 年，古巴本土的印第安人几乎全部被杀或死于疾病。西班牙人从非洲运黑奴来古巴为他们开采金矿，种植甘蔗。以后的几百年里，征服与反抗，掠夺与开拓，交融与传承，成为古巴社会与文化的主线，形成了古巴独特而复杂的视觉生活画面。

◤ 城堡是古巴建筑遗产的重要组成部分，石头砌筑显得非常结实和稳固。

◢ 外立面巴洛克的装饰非常典型。

这个位于碧波万顷的加勒比海西北部、墨西哥湾入口处的美丽岛国由数以千计的岛屿组成，其中面积最大的古巴岛，长 1250 千米，最宽处 145 千米，最窄处仅 32 千米。因地形狭长，形如鳄鱼，且植被茂盛，植物种类繁多，古巴素有“加勒比海的绿色鳄鱼”之称。古巴除了盛产雪茄、蔗糖和朗姆酒，当然还有让人无法割舍的格瓦拉和海明威。丰富的物产和多样的人文形成了古巴复杂而多彩的意象，让人充满遐想；而碧蓝的海水，白色细软的沙滩，灿烂的阳光，充满混血激情的夜晚，都成为来到这里而快乐的条件。

自从哥伦布踏上这片土地，殖民者在几百年的时间里建起了座座新城，其间法国人、英国人，甚至美国人均蜂

拥而至，欧洲的元素成为这里的主导，北美甚至非洲的各种风潮也在这里流行起来，文艺复兴式，哥特复兴式，巴洛克，洛可可，法国路易十五时期和英国乔治时期的风格都同期影响和传播到这里，在哈瓦那和圣地亚哥，各个时期的风格建筑都可以找到。

位于古巴岛西北部的首都哈瓦那，扼守着墨西哥湾通往大西洋的门户，是一座拥有众多历史文化遗存的滨海名城。这里的住宅、教堂、狭窄的街道、小广场、咖啡屋、剧院、喷泉池、城堡和要塞，无一不是石砌而成。市区西部的老城区，保留了许多殖民时期的城堡和遗迹。比较出名的有哈瓦那最古老的要塞皇家军队城堡、位于海湾运河口的莫罗三王城堡和拉蓬塔城堡以及建于高地之上控制全城的卡

◤ 室内的绿植缓解着南美的热辣。
◥ 粗壮的石柱体现刚强，石柱上的圆拱形又流露出些许柔美。
◣ 厚重的石材堆砌成宏伟的拱券结构，流露出雄伟的特色。
◢ 白色的建筑充满安逸的质感，从中流露出最真实和自然的情感。

◢ 教堂通过一个缓坡作为引导，室外空间显得开阔。

瓦尼亚圣卡洛斯要塞等。这些殖民时期的城堡和遗迹已被列入世界文化遗产名录。而古城圣地亚哥是西班牙殖民者在古巴最先建立的7座城市之一，它众多的历史建筑使它享有“建筑博物馆”的美称。1515年西班牙殖民者定居在海滩东部，那里的地势比海平面高出约20至40米，是适于修建防御城堡的天然场所。当时雄心勃勃的殖民者迭哥·维拉斯凯兹曾经计划以此地的天然良港和要塞为基地征服整个中南美洲。他修建了很多精巧的木质建筑，但是从16世纪中叶到整个17世纪，这座城市不断经历战火、台风、地震的袭击，老式木质建筑几乎片瓦无存。18世纪以后，人们吸取了以往的教训，开始在圣地亚哥修建既能抵御风

蓝色主题的空间，在夏日里带来阵阵清凉。

典型的古巴室内装饰，拱门、地面和墙面的处理都很有当地的特色。

地面装饰是这间房间中最显著的特色，家具和地面有一种色彩和肌理上的呼应。

斑驳和粗糙的木门和精致的马赛克地面有一种肌理上的对比，让人对此空间的印象更加深刻。

雨和时间考验，又拥有精美花窗和美丽柱廊和阳台的石头建筑，古老的骑楼和光线充足的小街是人们小憩闲坐的好地方。修饰精美的露台，绽放的鲜花，开朗而快乐的居民，都成为圣地亚哥的标志。

漫步古城，形态各异的大厦与老屋让人流连忘返，帕拉第奥的母题形成建筑立面优雅的韵律，古巴人再把热带气候独有的百叶窗嵌入其中，那宝蓝色的窗棂显示出明显的地域特色。在庭院中，连续的拱券柱廊围合起来，既是形式感的考虑，同时在室内外形成一种过渡，更是适应了热带气候的处理，半高的双开门雕刻有精美的图案，凉风从门上穿过，让室内保持了通风的效果。庭院的中央通常都有巨大圆形的花坛或水池，傍晚时分，槟榔树和芒果树叶散发出沁人的芬芳，是人们休憩的好地方。

古巴的室内装饰首先应该是殖民者风格和当地风格的

结合，从古巴人室内墙面的装饰粉刷就可以体现出来。阿兹特克装饰纹样有着鲜艳的色彩和粗犷的纹理，和欧洲优雅纤细的洛可可装饰图案结合在一起，形成连贯的装饰带，丰富着墙面的肌理，复合成一种独特的视觉魅力。作为美洲的特色，大面积强烈的有情感倾向的颜色也常被用在室内，作为顶面、门窗，或墙面的面漆，比如宝蓝色的窗门和白色的墙面形成对比，配合着五彩的玻璃窗棂，勾勒出了加勒比海的浓郁风情。西班牙风格的瓷砖是室内经常使用的装饰元素，这些加入当地纹样的瓷砖一般用作铺地和墙裙，翠绿或宝蓝的瓷砖墙面和赭石的瓷砖地面是常用的

◥ 以精巧繁复的镜框作为中心，两边展开对称布置，构图均衡。

◣ 室内一角，中式的瓷瓶和条凳有一种冲突和对比。

富有装饰感的墙面做法，有一种希腊和罗马风格的回归。

各功能区域连续贯穿，视觉毫无阻碍。

色彩组合，重复的图案构成一种繁复的美丽。同时，大理石也是地面常用的材料之一，深色和浅色的搭配是不错的选择。

纯正的欧洲样式在古巴也很常见，欧洲宫廷和贵族的装饰风格是上流社会的首选，洛可可风格的墙面装饰和巴洛克样式的家具、白色的大理石胸像、中式风格的瓷瓶、动物首级标本、大幅的人物场景油画，和硕大的水晶吊灯搭配在一起，亦有回归贵族生活的奢华。尽管地处热带，壁炉也是室内不可缺少的装饰元素，虽然不具有功能性，但强烈的形式感是显示主人身份地位的象征。具有伊斯兰和摩尔风格的装饰元素也影响着古巴的室内设计，摩洛哥北非样式的拱券流露出繁杂而细密的装饰，显示着千丝万缕的文化联系。

家具是最能反映古巴装饰风格的物件之一，自从殖民者踏上这片土地，欧洲本土的舶来品就开始装饰和丰富着新美洲人的生活，从最开始的宗主国的引进和效仿，到逐渐地消化和吸收，古巴的家具一方面保持了欧洲古典家具精良而高贵的原汁原味：齐彭代尔式，都彭式，路易十四时期的家具等，都可以在这里找到范例。同时对于当地的材料、手工艺、构造技术、土著装饰元素和本土的设计的应用，也创造出只属于当地的独一无二的新样式，来自国外的工匠也引进了许多新的有创造力的工艺来进行家具革

◤ 热带风格的家具尺度适宜，是休闲与生活的好工具。

◥ 瓷砖铺设的地面和墙裙是古巴室内装饰中的重要元素，看似繁复却有强烈的地域特色。

◣ 外廊是古巴建筑中常见的构成部件，白色的立柱显得非常有装饰感。

◢ 绿色的墙涂料和瓷砖有色彩上的联系，显得整个空间温馨而清爽。

◣ 热带风格的家具尺度适宜，是休闲与生活的好工具。

◥ 吊灯和木构架组合，透露出粗犷中的精致。

◣ 双层的窗户是按照热带气候制作的，蓝色的涂料粉刷也很有地域特点。

新，让古巴的家具在整个中美洲独树一帜。

古巴人相信圣地亚哥的风会让人们坠入爱河，而当恋爱的人离开圣地亚哥，那里悠扬的波莱罗舞曲会终身回响在他们耳边。午夜，站在维希亚山庄的三层塔楼的阳台上，眺望远方的圣地亚哥，以及更远方蔚蓝色的加勒比海，心中自然会充满无限感怀。这里一派风平浪静，祥和安康，加勒比哪有海盗？

Jamaica
牙买加

◤ 中部曼彻斯特的教堂建筑。

作为拉丁美洲的一个岛国，牙买加是一座浸润在加勒比海西北部的岛屿，东面隔海峡与海地相望，北面隔海与古巴相邻，是加勒比海中面积仅次于古巴和海地的第三大岛。牙买加岛四面环海，泻湖、峡湾和沙滩构成了长达1220千米的美丽海岸线，全岛东西长235千米，南北宽82千米，沿海地区是肥沃的冲积平原，中部和西部是丘陵和石灰岩高原，东部就是著名的蓝山了。蓝山海拔2256米，是岛上的最高峰，遍布着葱郁的热带雨林，每当晴朗的阳光照射在深邃的海面上，群山就被笼罩在一片明蓝闪烁的光芒之中，传说早年登陆牙买加的英国士兵为这美景所惊叹而大叫：看啊，蓝色的山。蓝山便由此得名。

据考古发现，牙买加岛从公元前5世纪开始就成为南美印地安人的一支阿拉瓦克族的居住地了。“牙买加”（Jamaica）一词源自阿拉瓦克语Xaymaca，意为“充满水和树木的大地”，非常贴切地描绘出加勒比海灼热阳光下青山绿水、田园牧歌式的自然风光。难怪当哥伦布第一次登上牙买加岛，就在他的航海日志里留下了一段满溢着赞美的话语：“这是一个清澈明丽的绿色岛屿，崇山峻岭直达天际，真是使人看之不倦。”

原本是风马牛不相及的海盗和国王，却在某个时刻某个地方碰出了奇异的火花——这就是独属于大航海时代的

◤ 蒙坦戈贝附近早期英国殖民住宅。

◥ “草莓庄园”，牙买加建筑设计师安·霍奇思的设计。

◢ 位于新金斯顿的德文大楼，乔治风格，是牙买加第一位黑人百万富翁乔治·斯蒂贝尔于1881年建造的。

◣ 牙买加最著名的种植园建筑玫瑰厅庄园（Rose Hall Great House），位于蒙坦戈贝附近。

海边的庄园，海风吹梦，一派田园气息。

明亮的蓝色地砖搭配厚重浓烈的红色木制橱柜，宽阔的空间和大面积的落地窗中和了强烈的对比感，显出纯朴的本地风格。

绚丽的花朵和墙上的绘画作品相互呼应，演绎出牙买加人骨子里的浪漫和艺术气息。

加勒比传奇：摩根船长带着辣椒辛辣味道的朗姆酒和按照路易十五旨意栽种的芬芳馥郁的蓝山咖啡，在意气风发的新大陆探险中相遇，历经300多年的纠结缠绵，成就了今日牙买加撩人心魄的风情。

雄心勃勃的哥伦布是在他公元1494年的第二次航海旅程中发现的牙买加岛。他在奥布里约附近的发现湾登陆上岸，就此揭开了牙买加全新的历史。1509年西班牙人在北部海岸的塞维拉纽巴建城，标志着西班牙殖民的开始。1517年西班牙人从非洲运来了第一批黑奴，1538年，殖民政府将首都迁到西班牙城，西班牙在牙买加的殖民进入全盛期，而原住民阿拉瓦克人却因为疾病、战争和奴隶制而逐渐灭绝，只有他们的一些语言被殖民者保留了下来，一直沿用至今，比如：烤肉（Barbecue）、马铃薯（Potato）、嘉年华会（Carnival）、烟草（Tabocco）、独木舟（Canoe）等。1655年，英国人从西班牙人手中抢过了牙买加的控制权，

开始建立其西印度的殖民体系。1670年，按照《马德里条约》，西班牙正式将牙买加割让给英国，牙买加一度成为“英皇御准”的加勒比“海盗大本营”，传说著名的“老魔鬼摩根船长”等海盗就是从牙买加的皇家港出发，袭击往来于加勒比海的各国船只，掠夺金银财宝，尽情享乐，直到1692年地震引起大海啸毁灭了整个海港。不过人们都相信当年海盗们掳掠的财宝还仍然长眠于此的海底深处。

在之后的近150年时间里，丰富的蔗糖、咖啡、朗姆酒和奴隶贸易，推动牙买加成为英国最有价值的海外领地之一。曾有英国谚语说：西印度的殖民者都是有钱人。牙买加的富庶由此可见一斑。直到到20世纪30年代，牙买加才获得了

◤ 看似胡乱涂鸦的墙面，在纷杂中显现动感。

◢ 不斑驳的墙面带着岁月流逝后的沧桑痕迹。

清新亮丽的纯色对比使房间房间熠熠生辉。

家具和艺术品的巧妙组合让空间也成为一幅画卷。

质朴的手工木门，是本地土著风格的体现。

明亮的蓝色和绿色搭配，是加勒比地区典型的建筑色彩。

海洋的蓝，雨林的绿，阳光的金黄，泥土的赭红，空间就这样生动起来。

一定程度的地方自治权，1958 年它与加勒比海地区其他 9 个英属领土联合成立了“西印度联邦”，但在稍后的 1961 年经过全民公决后决定退出，并在 1962 年 8 月 6 日正式宣告独立，成为英联邦成员国之一。

新大陆发现的 300 年来，牙买加岛迎来了海外寻宝的欧洲人、背井离乡的亚洲人和被迫为奴的非洲人，这每一个民族都带来了自己的传统特色，和本土的印地安风格交融一体，浓郁的非洲色彩，浪漫的西班牙气质，内敛优雅的英国文化，映衬着加勒比海明媚亮丽的水色天光，汇合出热烈狂放的牙买加风格，每一处都是独特的风景。

西班牙镇建于 1538 年，西班牙人以之为岛屿的首都，起名叫 Villa de la Vega，意为“平原上的城市”。1655 年英国人占领并重建了这座城市，并重新命名为 St Jago de la Vega，它作为牙买加首都的历史又延续了 217 年。城市是

SEÑORAS

宁静安详的卧室，窗口有明亮的阳光射入，是加勒比愉快假期的一部分。

浪漫的公主风格寝室，色彩却是典型美洲的味道。

典型的西班牙式规划，尤其是乔治时代风格的城镇广场，完整地保留了18至19世纪的建筑样式，有建于1704年的犹太会堂，还有西班牙镇大教堂——加勒比地区最古老的英国浸信会教堂，还有加勒比地区最古老的铸铁桥。它们无不记录着牙买加生动的过往岁月。1872年成为牙买加新都的金斯敦，拥有岛上最著名的德文大楼（Devon House），它建于1881年，是牙买加第一位黑人百万富翁乔治·斯蒂贝尔（George Stiebel，1820—1896）所建，典型的牙买加乔治风格，整齐匀称的柱式风格，门前开阔华美的欧式草坪，建筑内部装饰华美，收藏陈列着加勒比海、英国和法国的古董，已经成为牙买加建筑和装饰文化的经

粗犷的木制家具搭配，让空间流露出当年航海探险时代的味道。

典范例。另外还有岛西端的内格里尔（Negril），是加勒比最美丽的度假圣地，椰子叶屋顶的小屋和纯白沙滩与壮观的落日相映成趣。北部和南部的港口城市最可一观的则是虽已破败却威严依旧的堡垒要塞，依稀可见当年海盗和殖民者的遗迹。

芳香、顺滑、醇厚，如黑宝石一样珍贵，热烈、浓郁、野性，像海洋一样率性。国王的蓝山遇上海盗的朗姆，牙买加是复杂的，但是非常温和；是甜美的，但是非常浓烈；是浪漫的，却具有非凡的勇气——只等待着懂的人来品尝。

纯净的蓝白色调，轻柔的纱幔飘拂出属于大海的味道。

返璞归真的装修，床铺的设计和天花非常特别。

Barbados
巴巴多斯

◤ 位于东加勒比海小安的列斯群岛最东端的巴巴多斯岛，大部分由珊瑚石灰岩构成。岛上风景如画，有巴希巴（Bathsheba）风景区等多个旅游景区。

◣ 庄园内常有英式风格的泳池。

作为地球上最大的珊瑚礁集中地，加勒比海上的岛屿如串串闪亮珠宝，单纯而宁静，叫人难以取舍。避开二月的雨季，这里拥有奢侈的阳光、习习的微风、往来如梭的艳丽鱼群、翱翔于海天之际的鸥鸟；这里的景色无与伦比，洁白的沙滩、蔚蓝的天空、翠绿的大海、摇曳的棕榈，暧昧醉人的气氛弥漫在码头、沙滩和街道，到处是穿着鲜艳、摇晃自在的人们。如果你在圣诞节后随便抓个好莱坞明星采访一下的话，得到的回答多半是刚从加勒比的某个小岛上度假回来。哦，梦就从这其中一个叫巴巴多斯的开始吧。

巴巴多斯这个被梦幻般色彩的海水包围、面积仅 431 平方千米的珊瑚岛，位于西印度洋群岛的最东端，犹如一颗晶莹的珍珠镶嵌在碧波荡漾的加勒比海上。它地处北纬13度，距离赤道不远，所以拥有取之不尽的阳光，有“阳光富翁”的美称。它五分之二的国土都是沙滩，尤其西海岸从首都布里奇敦向北直至圣詹姆斯和圣彼得之间的海滩，终年无风无浪，海水清澈见底，平静如镜。虽然地处热带，但由于受海洋气候的影响，全岛全年温暖如春，有“西印度群岛的疗养院”之称。这里人口稠密，每平方千米平均有600多人，黑人占90%，白人和混血种人各占约5%。

巴巴多斯在1966年独立之前，一直是英国的殖民地，所以英语是这里的官方语言。1627年，第一批英国移民在此登陆并建立了一个小村庄，他们用英王詹姆斯（士）一世的名字把该村称为“詹姆斯敦”（后来发现海滩附近有一个海潮洞，便把村名改为了“霍尔敦”，Holetown，意为“洞之城”）。现在村里的小教堂仍称为圣詹姆斯教堂，这是座建于1629年的珊瑚石教堂，而原来用的材料是木头。霍

◤ 兰开斯特大宅是巴巴多斯最大的种植园主建筑，建于18世纪早期。

◥ 建于20世纪60年代的住宅，和自然景观结合得非常完美。

◢ 巴巴多斯岛上无河流，属热带雨林气候。左侧建筑是圣尼古拉斯修道院（St. Nicholas Abbey），建于1650年左右；右侧是制糖工厂。

◣ 海边山坡植被茂盛，不愧拥有旅游天堂的美名。

◥ 优美的海岛风光是消磨时光的最好去处。

◣ 阳光和扑面而来的海风，提醒我们这是真实的天堂。

尔敦是巴巴多斯最像棕榈滩的地方，它是白金海岸（Platinum Coast）的中心，岛上最优雅的旅馆和私人豪宅大多修建在这里。长条形的海滩位于岛屿的西缘，曾留下了无数名流的足迹，那是诗人艾略特、影星葛丽泰·嘉宝、带着宠物绒猴招摇过市的歌剧女皇玛丽亚·卡拉斯们带给我们的记忆。霍德斯大宅（Holders House）则是17世纪英国隐士温迪·基德（Wendy Kidd）的庄园，当年每年有三个星期，温迪·基德都会在霍德斯演出季（Holders Season）向公众开放自己的大宅，并组织戏剧和乡村民谣为邻里表演。每当夜幕降临，吊灯从鲜活的橡树枝上垂下，迷你小灯在叶片间闪烁，树蛙悄然的聒噪声如同巴巴多斯诡异的催眠歌谣，日常生活的平庸就在这样殖民文化兴盛的背景下泯然而退。

巴巴多斯没有什么东西能同往昔的浪漫岁月相分离。虽然加勒比群岛上的豪华酒店不在少数，但巴巴多斯的桑迪·莱恩（Sandy Lane）庄园式酒店无疑是最闪亮的，它已经不知道被多少家媒体评为世界最佳度假酒店了，从你看上它的第一眼，就会发现它绝非寻常。酒店是在1961年风暴肆虐的时候建成的，英国下院议员罗纳德·特里（Ronald Tree）爵士曾是丘吉尔战时内阁的成员，他聘请美国建筑师哈皮·沃德创造了融合棕榈滩风格的新帕拉第奥式海滩风情。这座酒店2001年易主改建，却也并未失去过“加勒比地区最佳度假酒店”的头衔。这座意大利式建筑优雅之余，还具有典型的热带岛屿风格，整座庄园被桃花心树环绕，酒店背后就是沙滩和大海，典型的梦幻之地。

◥ 会客区域的设计也带有英国风格的诸多元素。

◢ 政府机构的门厅区域。

◣ 英国齐彭代尔风格的家具放在这里非常协调。

19世纪的桃花心木游戏桌一定是这个会客区的焦点。

美洲印第安风格的装饰配西印度群岛的家具，相当具有巴巴多斯特色。

殖民的痕迹无疑是深重的，这里街头的建筑大多受英国的影响，最多的要数维多利亚时代的风格，柱子上有着浮雕的老房子随处可见，如今大多做了旅馆。从殖民时代还保存下来许多优美的种植园宅邸和茂盛的热带花园。首都布里奇敦以东的南部地区是一望无际的开阔地带，空气中充满着蔗糖和朗姆酒的芳香，蔗糖和朗姆酒正是巴巴多斯的两大经济支柱。这片土地曾经是典型的种植园，有两座美丽的住宅唤醒着人们对三百年种植园生活的回忆。建于20世纪初的弗朗西亚种植园宅邸是岛上修建的最后几座这类宅邸之一，这座把欧洲和加勒比海建筑风格融为一体的住宅坐落在布里奇敦东北4英里处，里面仍居住着当年法国园主的后裔，但一楼对外开放。楼内摆放着优雅的19

鹦鹉壁画和19世纪制成的工艺桌非常协调。

世纪家具，餐厅里一张华贵的红木餐桌和威尼斯水晶吊灯，会客厅里还有一套18世纪的桌椅，墙上挂着古代的地图。在带露台的花园里散步时还可以看到高耸在树梢之上的根希尔山信号站。弗朗西亚以东约6英里处是森伯里种植园宅邸，这座有着三百年历史的豪宅在20世纪80年代以前一直是私人住宅，现在仍保持着温馨的生活气息，如在传统的红木家具之间摆放着刚采摘的鲜花和种在盆里的花卉，周围是古代瓷器、玻璃器皿和银餐具。楼上的卧室也供公众参观，在宽大的四柱式床上铺着维多利亚时代的床单。当年储存山药的地窖现在是马车博物馆，那里还存放着许多古代农具和家用工具，继续唤醒着我们对历史的记忆。

这是19世纪种植园主人房间家具和装饰的标准景象。

宁静安详的卧室，是加勒比假期不可缺少的部分。

细腻华丽的水晶吊灯，精致的桃花心木家具，19世纪的油画，都是殖民地全盛时期的装饰配饰。

印度风格的装饰画挂在这里也很到位。

浪漫的纱幔用在热带地区，或许正恰到好处。

在英属殖民地，这种风格的床较为普遍。

一座袖珍岛，寸土寸金，巴巴多斯是一首失落与渴求交织而成的诗歌，娇嫩的象牙色海滩紧濒着浅海，被淡蓝色衬得细腻而柔美。透过飞机的玻璃窗向外望去，当巴巴多斯岛的轮廓开始出现时，一直沉静的海如同被一只手点拨开了一般，一下子换了颜色，一个奇幻的如同梦一般的地方就在眼前……

Costa Rica
哥斯达黎加

优雅的欧洲古典风格建筑，是圣何塞市中心旧时代的遗迹。

哥斯达黎加位于北回归线和赤道之间中美洲腹部的狭长地区，北部与尼加拉瓜接壤，东南与巴拿马相邻，国土面积是 5 万多平方千米，与爱尔兰大小相当，比起美国的西弗吉尼亚州还要稍小一点。哥斯达黎加的地理条件非常得天独厚，东临风光旖旎的加勒比海，西濒壮阔浩瀚的北太平洋，有着漫长富饶的海岸线：加勒比海岸 200 多千米，太平洋岸 1000 多千米。从东海岸到西海岸虽然只不过几百千米的距离，却涵盖了两边绵长的海岸平原和中间部崎岖高耸的中央山脉，山林、原野、海滩，层次分明景色万端。

加勒比海边的中南美洲，是印象中一支无可抵挡的浪漫舞曲，盘旋往复荡气回肠：墨西哥的优雅、阿根廷的忧郁、

宽阔的露台面向大海，航海时代所有的辉煌回忆都在摇椅中慢慢远去。

大理石材质，繁复华丽的石雕装饰线条，广场中心的喷泉，恍惚间就回到了马德里街头，寄托着先辈移民深深的乡愁。

巴西的狂野、古巴的妖娆、秘鲁的神秘……而哥斯达黎加添上的那一段，就是乐章中轻柔的慢板SOLO，纯净地奏出对于上苍的赞美——浓绿的雨林、流泻的瀑布、时不时喷吐着烟雾的活火山、寂静的沙滩上不紧不慢产卵的大海龟、遮天蔽日的林间自在嬉戏的翠鸟、棕榈树上蹿来跳去的吼猴，还有那些宁静安详的村庄、鲜花簇拥的小屋、流淌着歌声的小酒馆、肤色不同种族各异却一样单纯快乐的人们。

哥斯达黎加的前生属于印第安人，美洲古文明的创造者。由于还没有在美洲大陆找到过猿人的确切遗迹，因此考古学家更倾向于认为美洲印第安人的祖先是在远古的冰川时期，从曾经连接亚洲和美洲的大陆桥迁徙而来的亚洲人。这些远道而来的先民追逐猎物一路南下，从墨西哥再到南美洲，并居留于此繁衍生息，从渔猎采集逐渐过渡到农业种植的定居生活。古印第安人以培植玉米、马铃薯、

AH

◤ 古旧的建筑有种穿越时空的感觉。

◥ 华丽的拼花大理石地面和高高的拱廊带来久违的西班牙宫廷装饰风格，在哥斯达黎加倒是不多见。

◣ 铁艺的路灯搭配厚重的石材，有凝重的历史感，是无可错认的欧洲风格。

◢ 高大陈旧的木门显示旧主人地位的显赫。

番茄、南瓜、甘薯、可可、龙舌兰和烟草而闻名，后来这些农作物流传到世界各地，产生了深远的影响。

美洲印第安人的文明大约可以追溯到公元前2000年左右，先后经历前古典时期（公元前2000—公元250年左右），古典时期（250—900年左右），后古典时期（900—1500年左右）。为我们所熟知的是后古典时期发源在中部美洲的“美索亚美利加文明”和南美洲的“安第斯文明”，以及在此基础上形成的三个文明中心：玛雅、阿兹特克和印加。哥斯达黎加正处在这两大文明的交汇处：北部居住着玛雅人，南部则居住着阿兹特克的部族。哥斯达黎加有着丰富奇妙的文明遗迹，最著名的当属20世纪30年代，美国人

◢ 饱和度极高的黄色、蓝色和绿色搭配，是中南美洲经典的色彩组合。

起居室明亮的蓝色百叶门窗搭配绚丽的彩色玻璃，让热烈的阳光也变得柔和起来。

简单朴素的小小厨房，因为明亮的黄色和红色搭配，显露出热带独有的自由和奔放。

乔治·奇坦在迪奎斯三角洲（Diquis Delta）和卡诺岛（Isla de Cano）发现了的大型石球群。这些石球大的直径有 2 米，小的只有几厘米，球面异常光滑，最大的石球重达 16 吨，数量达到 300 多个，其制造技巧和用途至今仍未被破解。

哥斯达黎加的今生始于航海时代。1502 年，疯狂又执着的哥伦布率领远洋船队开始第四次、也是他们的最后一次航行，目标是亚洲，结果却是美洲。在一场狂风暴雨后，哥伦布的船队被吹到今天的哥斯达黎加利蒙港，劫后余生的西班牙人发现这里的土著居民身上竟然随意地装饰着黄金，目瞪口呆之余，只有连声赞叹“Costa rica”，意为“富庶海岸”，哥斯达黎加便因此得了这样一个音韵铿锵、朗朗上口的名字。哥伦布的到来成为哥斯达黎加的“历史起点”，他的登陆日 10 月 12 日后来被宣布为这个国家最盛大的节日——哥伦布纪念日，同时也成为哥斯达黎加为近代世界所知的开始。

1458

◤ 精美的拼花地砖充满复古的韵味。

◥ 西班牙情调的细致镶木线条装饰，圆拱廓形，形成令人过目不忘的中美洲装饰风格。

◣ 浓郁的绿，正是印象中的哥斯达黎加。

◢ 阳光水雾下的雨林，空气中仿佛都带着迷蒙湿润的气息。

地理大发现给哥斯达黎加带来了一段残酷又动荡的殖民时代。西班牙人的前几批远征军遭到了印第安土著部落的顽强抵抗，更为致命的还有丛林热带疾病的威胁，令征服者付出了惨重的伤亡代价。然而，热带病菌在西班牙人的身上肆虐之后，发生了奇怪的变异，开始蔓延到当地的土著居民中，使得他们因为缺乏免疫能力和治疗手段而大批死亡，以至于人口锐减近乎灭亡，抵抗殖民的斗争也因此失败，最终形势逆转，西班牙人将哥斯达黎加变成了自己殖民帝国的一个省。19 世纪，哥斯达黎加在多年的混乱后终于取得独立，其后又在 1945 年宣布解散军队永久中立，建立民主制度，以咖啡贸易带动农业和旅游业，慢慢发展成了“中美洲的瑞士”，获得了“花园国家”的美誉。

◢ 清爽的蓝色瓷砖装饰和拱券门带有典型的西班牙摩尔风格。

◤ 室内的家具令殖民风格在此显露无疑。

◥ 古典家具繁复而又流畅的线条让沉稳的深木色也有了跳跃的动感。

◢ 具有透明质感的黑色家具也毫无厚重沉闷的感觉，清风穿堂而过，透出轻松的度假味道。

独特的地理条件和历史轨迹，决定了哥斯达黎加今天的面貌。正是因为病菌的横行，导致西班牙人在当地甚至无法获得足够的劳动力，只能自己在高山中开垦小块种植园发展经济，包括首都圣何塞在内的主要城市和聚居地，都集中在国家中部山脉的高山平原上。与南美的其他大城市相比，圣何塞显得极为简朴和低调，安静到几乎被人遗忘，以至于在旅游者中流行着一个评价：哥斯达黎加就数圣何塞最一般。其实这个评价实在是太苛刻了些，虽然并没有特别突出的建筑和城市，哥斯达黎加的城市和乡村都倾向于一致性的纯朴和自然之美——无论是教堂还是农舍，无论是公共空间还是私家民居，都是结构简单，色彩热烈。建筑格式秉承西班牙风格庭院，材料是当地的石材和木材，色彩则是十足的热带风情和印第安元素，细节装饰更是五花八门，正如同哥斯达黎加的人口构成：非洲的木刻、欧

◥ 穹庐形的柱廊有着奇妙的韵律感。

◣ 华丽的明黄主调唤回优雅的欧洲贵族气质，雍容的水晶吊灯让餐厅气派如此不凡。

洲的家具、亚洲的纹样，汇合成独特的移民风格，一切都最大程度地融合在大自然的绿树红花蓝天碧海之间，和飞鸟、牛羊、猴子，浣熊、蜥蜴和蟾蜍一起，呈现出奇妙的和谐美感——万物各从其类，各居其所，看着甚好。

哥斯达黎加人有一句口头禅：PURA VIDA，意思就是“纯净的生活”，见面问候都常常挂在嘴边，表明他们所坚持的简单又纯粹的信仰，没有惊天动地的华美，刻意人为的雕饰，只是那样的天然未琢沉静秀美，最小的存在感却传递出最自然绵长的魅力，或许这就是生命至真的本相了。

054

Peru
秘鲁

◤ 秘鲁南部古城库斯科（Cuzco）。“库斯科”在印加克丘亚语中意为“肚脐”，也就是世界的中心了。这是巴洛克风格的库斯科大教堂。

◣ 库斯科的城堡建筑。

从地理位置而言，秘鲁位于南美洲西部和中部沿海地区，赤道线以南，濒临辽阔的太平洋，北部邻国是厄瓜多尔和哥伦比亚，东部与巴西、玻利维亚接壤，南端则与智利交界。国土从西向东，依次呈现为沿海平地、中部山区和东部林区。在西部沿海地区，发源自安第斯山脉的50多条河流浇灌着肥沃的绿洲、山麓谷地市的葡萄和棉花，流动的沙丘线条温柔如月光下的诗歌，组合出独特的海滨风景。中部巨大的褶皱山脉带来险峻的雪峰和壮美的峡谷，山峰脚下还有星罗棋布的秀丽湖泊，水光潋滟波涛不兴，正是人间仙境。东部的林区是南美洲亚马孙流域原始雨林的一部分，从空中俯瞰，热烈浓郁的雨林像绿色的海洋蔓

◤ 库斯科广场边西班牙风格的廊楼。

延开去，汇集了各类奇花异草、珍禽怪兽，以“最具多样性的生物物种栖息繁衍之地”闻名于世。

作为神秘的古代印加文化发源地之一，秘鲁给世界的印象既遥远又莫测高深，几乎近于无解。过客们来了又去，研究的书卷堆到汗牛充栋，依然无法读懂她的故事，高耸入云的安第斯山脉上，马丘比丘是千年不变的寂静无语，沧桑的石头城却有着惊人的美丽，仿佛天上的街市误落到凡间，凝固成世人眼中叹为观止的惊叹号。

◥ 著名的的的喀喀湖（Lake Titicaca），其名称来源于印第安语，可能是“美洲豹的山崖”或者“酋长的山崖”的意思。这是湖边的民居。

◢ 的的喀喀湖中有许多带有古印加风格的豹头船，是当地乌鲁人的交通工具。

瑰丽奇美的自然风光孕育出同样神秘玄妙的历史文化，秘鲁的起源可以追溯到第四冰川末期，公元前1万多年以前，安第斯山区已经出现了以采集和渔猎为生的原始人群。到公元前5000年左右，沿海地区出现了半地下房子组成的原始村落，捕鱼和种植成为主要的生活方式。公元前1200年，被公认为秘鲁历史上的第一个国家，文明起源的查文建立了，它带来了高超的纺织技术，大型建筑和精美复杂的石雕艺术。公元初，纳斯卡文化和莫奇卡文化成型。公元8世纪，

以美丽的彩绘陶器和成熟的灌溉技术而发达成熟的的的喀喀文化，不事征战讨伐，却醉心于天文知识，留下了大量宏大的建筑来表达对宇宙的理解，更是令人绝倒。其后，瓦里帝国、兰耶巴克王国、西潘王国、奇穆王国相继兴起，带来冶金技术的大发展，金、银、青铜艺术品成为秘鲁这一时期最重要的成就。

1200年后，印加帝国从库斯科山区的一个小部落里逐步兴起，在14世纪发展成为秘鲁古代文明的顶峰——印加文化。印加文化有高度发达的手工艺，纺织、制陶、冶金都达到极高的水平，尤其在建筑艺术上成就非凡，擅长巨石建筑，不用任何黏合剂，却可以衔接到连一片薄薄的刀片都插不进去的地步。秘鲁历史上众多著名的建筑，神庙、城堡、大道、要塞，无一不是印加帝国留下的杰作。但印加帝国在16世纪日趋衰落，1532年西班牙殖民者皮萨罗远渡重洋来到这里，在皮乌拉建立了第一殖民点。依靠背信

◤ 不经雕琢的木头茶几成为客厅中最具趣味的家具。

◢ 典型的秘鲁家居风格，本色的泥砖墙搭配鲜艳浓丽的印加手工织物和兽皮装饰，有种神秘悠远的意境。

整洁干净的直线与切面的几何搭配，简单而不显单调，给人以稳重大方，明朗利索的感觉。

现代的家具在质朴的空间中和谐相处。

弃义的突然袭击，皮萨罗俘虏并处死了印加帝国的阿塔瓦尔帕，长驱直入将整个印加帝国置于殖民统治之下，在沿海地区的利马建立殖民首府，并起名“诸王之城”，就此拉开西班牙人在秘鲁的统治序幕，直到1821年秘鲁宣布独立。

在秘鲁浩如烟海的艺术文化成就里，建筑毫无疑问是其中最辉煌的篇章，被视为地球历史上最宝贵的遗产。标志着秘鲁文明最初起源的查文王国，就留下了令人咂舌的宏大纪念性艺术建筑，包括一系列由石头和灰泥建成的梯形地、平台和大厦。基本的建筑形式都是一个“U”形土墩包围出开阔的露天广场，外围有大型的石头建筑群，广场的中心是一个圆或者正方形，内部高达4.5米的画廊，放置花岗岩雕刻的查文王国重要的宗教人物造像、兽形装饰物和复杂的象征性石雕。例如查文德万塔尔神庙，完全用巨大的花岗岩建成，有完美的直角线条，是古代美洲最杰出的建筑作品之一，远古先民的精神世界，至今历历可见。

1000年前后兴起的奇穆王国，为秘鲁留下另一个建筑胜迹——昌昌古城。昌昌城建立于12世纪，是世界上最大的一座土砖城。由于昌昌位于秘鲁西部的沿太平洋地区，缺乏山区的石材资源，于是人们将泥土在太阳下烤干后制成土砖作为主要的建筑材料。昌昌城用各种不同样式的土砖筑成，整齐地排列成有序的矩形，具有强烈的逻辑感，虽然看上去非常的简单朴素，但土砖之上却以黄金打造的金箔镶嵌出精美的图案，细节之处巧夺天工。昌昌城中心的查珠第城堡，呈现出防御性的城堡格局，围墙高达9米，其中最特别的会议厅是由24个座席围成的矩形庭院，内部传声效果不同寻堂，坐在不同座位上的人哪怕用低声轻轻说话，都能被听得很清楚。而金字塔造型绿宝石庙和彩虹庙，则以雕刻精美的浮雕艺术著称，可以找到各种神秘奇特的海洋生物、鱼类、龙、蛇等图腾符号，其中的寓意至今未能确切解读。

◤ 原木和大理石材质的对比制造出立体的装饰性，充满了艺术气息。

◢ 直线和弧线的组合让家居的线条生动多变，粗糙的木材，古典的烛台，让简约的现代风格变得人性化起来。

纯白设计的平衡重点是沉稳厚重的原木桌椅。

质朴的土砖结构房屋，内部是确实令人惊叹的欧洲装饰风格。

14世纪，达到成熟巅峰状态的印加帝国，其首都库斯科城至今仍保留着当年荣光的记忆。虽然自然地形高低起伏，但印加人独特的直角设计理念规划出完美的城市格局。垂直交叉的直线和中心广场是连接帝国行省大道的起点，棋盘式的街道布局整齐规范，精美的石雕，严丝合缝的榫接以及趣致的梯形门窗是最典型的特色元素。从城市中心巨石砌造的富丽王宫和威严的太阳神庙，到城墙边低矮朴素的泥瓦民居，印加森严的等级制度以最直观的方式呈现在建筑形式上。城郊的萨克萨曼古堡是这一时期印加建筑的典范之作，建筑在城外山坡上的古堡是俯瞰库斯科全城的军事防御卫城，全部用巨石垒砌而成，上下共分三层，每一层都有高达18米的围墙，三座塔楼组成稳定的三角支撑，圆形的主塔是国王的行宫，塔内引入温泉，两个正方

◥ 华丽的吊灯，纤细的铁艺栏杆，优雅的壁炉和大理石饰面，混搭风格明显。

◣ 混搭印加风格的石雕和图腾符号，凸显出殖民风格的迷人之处。

形的副塔是驻军之处，城堡底部有网状的地道将三座塔楼和整个城堡贯通起来，设计精巧结构复杂，令人叹服。

如果说库斯科城是印加人文明的遗迹，那么马丘比丘古城就应该被视为是神在天空中造就的奇迹了。位于乌鲁班巴河上方安第斯山上的马丘比丘像个巨人栖息在两座高大山峰间的马鞍形山脊上，大约占地2公顷，缕缕白云缭绕其间，花园、通道、神庙和宫殿分列有序，台阶、墙垣都好像是自山壁上自然长出的一般，安静得仿佛从来就毫无人间烟火气。它绵延的城墙和半圆形的宏伟庙宇都是用巨大的花山岗岩石块砌成，完全不使用砂浆，而各种不同形状的石块，被巧妙而又精确地相互拼合起来，使人难以觉察到石块间的接缝，看上去好像本身就是一大块石头，因此被考古学家称为“世界上最美的石方工程”。但马丘比丘的神奇还不仅如此，考古学家还发现它的建筑似乎是个复杂的天文装置，与太阳的运行轨迹有着某种紧密的联

高原蓝天下朴素的茅草顶泥砖小屋，是干旱少雨的秘鲁沿海沙漠地带最常见的建筑式样。

层层垒垒的泥砖构成独特的装饰风格。

空间虽显简陋，却有一种另类的神秘。

精美的桌子展示着自身悠久的文化传统。

卧室没有多余的掩饰，旁边的大小窗带来了轻灵和剔透感。

系。在那个没有铁质切割，没有负重运输牲畜，也不懂轮子原理的年代里，这一切是怎么建成的，直到今天依然无人能晓。

在 16 世纪西班牙殖民者入侵之后，秘鲁的建筑风格有了明显的改变，在传统的印加样式中，添加了鲜明的巴洛克元素，最典型的就是首都利马和阿雷帕基古城。“无雨之城”利马坐落在沙漠中一处信风吹不到的绿洲之上，虽然远古时期已经有人居住，但直到 1535 年才由征服者皮萨罗建立，称为南美洲西班牙帝国的首都。来自欧洲大陆的设计师和当地的能工巧匠们共同缔造出城中华丽优美的混血巴洛克风格：装饰优美的大门和精工细刻木雕的阳台是独特的细节元素，圣佛朗西斯克女修道院，圣马尔克斯大学，还有大量仿宗主国样式的殖民风格民居组成了利马城独特迷人的风景线。阿雷帕基古城则更是欧洲建筑、宗教和当地传统技术、土著文化和壮丽自然景色的完美合一。位于安第斯山脉 2300 多米高处的阿雷帕基古城，完全用白色的

◥ 简约的现代风格盥洗室，木材的古朴和细腻的洁具产生矛盾而又统一的美感。

◣ 木质的阁楼，搭配印加人明亮多彩的手工织物，效果令人眼前一亮。

未固结火山凝灰岩建造而成，是一座美丽的白色城市，具有鲜明的殖民风格，高大坚固的城墙，堂皇的拱门和穹顶，优美的庭院和宽阔的广场，以及线条华美的巴洛克装饰壁画是突出的细节元素。其中最富盛名的是卡德林娜女修道院，它在1580年以城中之城的名义开始建造，17世纪又进行了扩建，目前或许是世界上最大的一座修道院。院中的一切都经过了精美极致的装修：狭窄的街道通往中心的广场，各个角落遍植鲜花，墙上是鲜艳的壁画装饰，具有朴素的中世纪风格的起居室、餐厅、洗衣房，细致的木饰巨型图书馆中收藏着令人难以置信的数量的图书，一走进去就仿佛有欧洲宫廷的文艺气息扑面而来，让人陡然生出今夕何夕的恍惚来。

在丰富而多变的表象下，秘鲁风格却总能呈现出一种纯净到永恒的美感，因此当西班牙人想要表达“富足和珍贵”的感慨时，他们总是说：这真是一个秘鲁。

Brazil 巴西

◤ 艳丽的色彩在暗示我们巴西是个多彩国度。

巴西位于南美大陆，幅员广阔，拥有安第斯山脉以东、亚马孙河流域直到大西洋沿岸的大片富饶土地，是世界上领土面积最大的国家之一，也是南美洲最大的国家。地处南半球的巴西一年四季正好和中国相反，不过，这里全境都是温暖湿润的热带雨林和热带高原气候，因此一年四季舒适宜人。

巴西的文化具有多重民族的特性，巴西作为一个民族大融炉，有来自欧洲、非洲、亚洲等地区的移民。巴西有种近似蛊惑的魔力，香浓的咖啡、热情的桑巴、奔放的人群……巴西风格更是一场狂欢的盛宴——欧洲古典主义的优雅从容、前卫的现代主义的简洁高效、美洲原始淳朴的纹样和非洲热烈奔放的色彩，宛若天成的结合体，美丽多元又充满了生命力。

1500年左右，在茫茫大海上寻找印度的葡萄牙探险家无意间登陆了巴西。巴西Brazil这个名字来自当地特产的一种珍贵红木pau do brasil，它不但是上等木材原料，还可以提炼美丽的红色染料，深受葡萄牙人的喜爱，被大量地运回欧洲进行贸易，同时也被用来命名这片土地。与葡萄牙人一起来到巴西的，是葡萄牙语、天主教、雕塑、绘画、巴洛克建筑以及用不完的野心和创造力。随着一个又一个甘蔗和咖啡种植园的建立，葡萄牙人又从遥远的非洲运来

美洲原始淳朴的纹样和非洲热烈奔放的色彩。

零零落落的绿植和编织物让人联想起种植园里燠热的阳光。

度假屋亮丽的深蓝色带来大海的气息。

巧妙的天花采光让空间轻盈开阔。

随意摆放的雕塑传递出西非土著的神韵。

H.E.J.

大红色源自于巴西人热烈的本性。

鲜艳多彩的靠垫让空间舒适起来，正好享受阳光沙滩的美妙时光。

黑人填充匮乏的劳动力。与黑人们一起下船的是属于阿非利加灵魂的音乐和浓重的色彩。人种和血统的融合带动了文明的融合，也带来了美丽多元又充满生命力的巴西风格。如果要用一个词来描述巴西风格，大概不会有比“嘉年华”更合适的了，欧洲古典主义的优雅从容、前卫的现代主义的简洁高效、美洲原始淳朴的纹样、非洲热烈奔放的色彩，在此结合、融会、闪光……巴西的建筑是嘉年华。葡萄牙人最早登陆建城的萨尔瓦多（Salvador），是一座几乎可以用原汁原味来形容的欧洲风格港口城市。萨尔瓦多保留了很多著名的文艺复兴时期的典型建筑，依然有许多殖民时期的建筑，包括巴西的第一座大教堂和最老的医学院。城

藤编沙发在木结构的房间里用最纯净的色彩勾勒出温馨的画面，带来自然、人文的底蕴。

石木组合，空间通透而坚固，绿色植物在各个角落里恣意游走，是纯正的殖民风格。

内有大量16、17世纪时的古典建筑，而且是宗教建筑，它们中有许多用雕刻来修饰，有很多用彩色的泥做出的条纹，反映了殖民时期的特征。这座城市的教堂非常的多，据统计可达160多座，是拉美地区教堂最多的城市，有线条明快、造型奇特的哥特式教堂；有线条起伏而有动感、豪华富丽的巴洛克式教堂，都是葡萄牙统治全盛时期的象征。

普通的居家建筑则更是极具宗主国特色，一贯的浅粉彩色外墙点缀着青石铺就的古老街巷，宁静的海滩美丽安详，整座城市望去宛如中古欧洲，韵味独具。而大都市，如里约热内卢，更是得天独厚地聚集了从殖民时代到现代

的各种建筑样式，早期的艾雷拉样式（herreriano），巴洛克、洛可可风格，近代的新古典主义风格，就这么简单直白地比邻而居，庄严的教堂、堂皇的庄园、小巧别致的宅院和谐相处，建筑的混血之魅令整座城市美轮美奂。

另外，具有超前现代感的新兴城市巴西利亚也是不得不提的，这座建成于60年代的新城市，是唯一被联合国评为人类文化遗产的新城，巴西利亚的建筑成为巴西人最大的骄傲。它是20世纪50年代担任巴西总统的库比契克最大的工程计划，他要为巴西建造出一个新首都。柯斯塔担任了新首都的整体规划设计，涅梅耶则设计出了主要的公共建筑。各部广场的一端有两栋涅梅耶的精美建筑，一座是外交部的伊塔玛拉蒂宫，该宫司法部所在的司法大厦，其外部6条下垂的水帘，正好与巴西利亚周边的天然瀑布相互呼应。巴西利亚的建筑风格融世界古今多种建筑艺术

◤ 单人床以上佳的热带木材制成，纹理细致，色泽明亮，手工精美大方。

◥ 左右通透的房间，让按摩变成了与大自然的亲密接触。

◣ 小巧的木屋，让你的隐世之梦触手可及。

◢ 红色的布艺是空间中跳动的精灵。

◢ 别致的大床当中隔断，轻易划分出独立的休憩空间，手工的通纱钩花帘子平添了几分奢华妩媚之气。

于一体，尤其汇聚了大量现代理性风格的建筑，有着“世界建筑艺术博物馆”的美称。其位于工人住宅区的木屋，结构简单前卫，内部设施又完全满足现代生活的需要，更是现代家居的典范之作。

较建筑而言，巴西的装饰风格更加多样而大胆，南美本地的印地安文化和非洲文化元素大量融入，产生了与欧洲文化等量甚至是更大的影响，尤其是海滨住宅的室内装饰更富有这样的情调。物种丰富的热带雨林为住宅提供了主要材料，木材被大量地运用：构架轩敞的主结构，风格质朴的桌椅、橱柜；各种藤蔓类和亚麻等材料也被用来编制成家具和摆设品。室内则偏爱选用纯正的蓝、绿，明亮

粗犷的木屋里配上色彩明快、样式简洁的家具，俨然便是个海边快餐店了。

躺椅在木质的廊道中备显雅致，点燃静谧、自然的乡村情调。

◥ 家具都用热带特产的藤条编成，造型却十分前卫，奇特的组合。

◣ 单纯的红白配色和地上的羊毛毯子，明明白白的印第安风格。

的黄色以及鲜艳的红色，与木材本色、蓝天碧海和雪白的沙滩相映成趣，来自安第斯山区的几何纹样的手工织毯、朴拙的图腾符号，以及各种西非风格木雕，组成巴西特有的海滩风格，令人流连忘返。

Chile
智利

推开门就是冷冽幽深的峡湾，长长的木栈仿佛通往水天尽头，让人顿生哲学的联想。

智利位于遥远的南美大陆，从中国望去，既是从天涯到海角的悠悠长路，也是从严冬到盛夏的漫漫时光。智利西临太平洋，东部以绵延高耸的安第斯山脉为界，与阿根廷为邻，北部与秘鲁、玻利维亚接壤，南部太平洋与大西洋交汇处的合恩角，是地球上人类居住的最南端，与南极洲遥望可见。作为世界上最为狭长的国家，智利南北相距4352千米，东西最狭窄处宽仅96千米，从安第斯山脉向西，高原急转成为谷地，再延展到复活节岛、火地岛、惠灵顿岛等众多著名的沿海岛屿，北部有全世界最干燥的荒漠沙丘，被戏称为最像火星的地方，中部却阳光灿烂碧海蓝天极似地中海休闲圣地，南部则山林葱郁牛羊遍野，气候温润物产富饶。无怪曾有这样的传说：上帝创世的时候，一切都完成了，但却剩下了一片高山、一片湖泊、一片沙漠、一片森林，于是上帝把它们沿着南美洲大陆的边缘细细粘上，才有了如今火山林立，冰川瑰丽，无限风光的“天涯之国”智利。

“CHILE”一词，源自印第安克丘亚语的音译，意思是“寒冷”。传说西班牙人在16世纪初跨海登陆智利南部的时候，正是隆冬时节，因为总是听见土著克丘亚人互道“奇里”，就以为这个地方名叫“奇里”，于是称此地为“CHILE”，智利由此得名。

据考证，智利北部的阿塔卡马印第安人是这个地区最早的居民，他们在沙漠的小河边定居，过着朴素艰辛而又怡然自得的农耕生活。在智利的其他地方，则生活着阿劳干人、马普切人、火地人等其他印第安民族。早期的印第

自然的生态泳池，享受着那温暖的阳光和自然气息，这一刻的松弛，实在难以言传。

静谧的湖水、辽阔的海洋、默默的群山、明媚的阳光，是智利式的地中海风光，如此清新的假期真是仿佛天国之乐了。

梦幻般的碧蓝冰川，波光潋滟的峡湾镜湖，正是天涯之国智利最动人心魄的美景。

简单的几何线条是智利现代设计师的杰作，与优美宁静的自然风光相互交融，和谐统一。

◥ 窗外壮丽的山光水色让人身心焕然。

◣ 各式的木椅，但都流露出些微的航海风格。

安人多为分散的群居部落，后来归属于强大的印加帝国，在公元13世纪前后达到最兴盛，创造出辉煌的古代文化。公元14世纪后期印加帝国神秘地快速衰落，到1535年，西班牙航海家远涉重洋寻觅新的财富之地，他们从智利北部登陆，建立殖民点，1541年圣地亚哥城建成，智利彻底沦为西班牙的殖民地近300多年，直至1810年实现自治。经过十几年与西班牙军队的漫长征战，终于在1818年正式宣布独立，成立智利共和国。如今的智利，是多民族多文化融合的典范，印欧混血人种占了人口的大多数，土生白人和印第安人居其次，在纠缠了500多年的征服、抵抗和交融后，独树一帜的智利风格开始以不可错认不可忽略的姿态显露在世界的面前。

智利城市建筑风格，以首都圣地亚哥最为突出。远处有白雪皑皑的安第斯山脉，近处有碧波粼粼的马波乔河潺潺流过，一年四季绿树成荫鲜花似锦。圣地亚哥城最初只是圣卢西亚山上的一座炮台和山下用泥砖和草木粗略搭建的几间临时住宅，但在随后大规模的铜矿开采，让城市迅速兴旺起来，大批涌入的西班牙人带来了欧洲成熟的新古典主义风格：解放广场、宪法广场、巴格达诺广场成为社交功能中心区，葱郁的树木将繁华的街区与广场分隔开来，老人孩子悠闲地小坐、玩耍，完全是欧洲小城的味道。天主教堂、市政厅、国家图书馆、历史博物馆、美术馆、智利大学、国民学院井然伫立，为城市勾划出优雅堂皇而规范有序的建筑格局，其中尤其是白色的拉莫内达宫，西班牙人留下的最大、也是最美丽的古典建筑之一。而大街小巷间，山道坡顶上则处处点缀着斜屋顶，木头铁皮的朴素住宅，它们被漆成五彩缤纷各样鲜艳好看的饱和色，是典

◥ 美妙的小吧台是放松身心的好地方，一杯卡洛琳娜葡萄酒曾经滋养出聂鲁达不朽的诗句。

◢ 巧妙的借景让无论室内室外的花草树木都成为空间有机的组成部分，勃勃有生气。

◣ 植物成为空间设计的重点元素。

轩敞的门廊，镶拼的地板，落地的长窗，缓缓转动的吊扇，来自16世纪骄傲的征服者。

奇妙的亮蓝色轮廓线为室内空间构画出美妙的氛围。

型的西班牙地中海装饰风格。还有圣卢西亚山顶上著名的“空中花园”：圣洁肃穆的古希腊雅典式白石门廊，布局匀称端庄雕刻细腻的“石泉”水法，精心栽种的奇花异草和古朴趣致的壁画相映成趣，无愧为圣地亚哥城标志性的建筑群落。

同样美丽的还有“海上葡萄园——维尼亚德马尔”，智利著名的海港城市，三面环山一面临海，城市依山而建，花木扶疏海清沙幼，西班牙风格的地中海式庭院朴素的白墙，艳丽的花饰，稚拙的陶器，散发出不可抵挡的魅力。而城中最华丽的大宅则是古典风格的豪华赌场，每当夜幕降临华灯初上，就仿佛蒙地卡罗附身而来，风情无限。而获评联合国人类遗产称号的瓦尔帕莱索城，因着大航海开辟的麦哲伦环球航线而兴盛，又因着巴拿马运河的开通而衰落。却恰好在流逝的岁月里完整地保留下了美妙的建筑遗泽，是属于海员们的审美和记忆，众多优美的古典建筑，却被粉刷成自然饱满的彩色，为方便山地出行的的缆车，至今仍然可以正常运行，曾经活泼欲滴的生命力也被奇迹般地凝固在建筑里面，令人击节赞赏。

除了大城市，最值得关注的智利建筑形式在奇洛埃群岛上。奇洛埃是智利最大的岛屿，居民多是西班牙北部加里西亚地区移民的后代。奇洛埃岛气候温和宜人，降雨充沛，广袤的森林和肥沃的土地吸引了大量的早期殖民者进入定居。因为盛产木材，木头建筑文化便在奇洛埃有了奇妙而充满想象力的发展：教堂。西班牙人把天主教带进了奇洛埃岛，教堂随之而建。奇洛埃的教堂多为长方形结构，鞍形屋顶，外墙和内部两排木柱支撑着天花板的木椽，内部可见美丽的穹顶。除了地基之外，全用木头构架而成，

◤ 做工精美的雕刻木床和细致的碎花床品都显示出安达鲁西亚的审美风格。

◥ 趣致的浴室，斑斓的彩色融合在一片淡淡宁静的水蓝中，是欧洲风格和印第安审美的完美结合。

◣ 简朴的厨房因为几个古拙的陶罐和美丽的窗户而充满艺术的气息，户外的美景仿佛静物油画一样呈现。

◢ 同样的蓝模糊了室内和室外、现实和虚拟的界线。

◣ 窗边的吊床沐浴着阳光，在上面读一本书应该是最惬意不过的事情了。

◥ 干脆把南美大陆装裱成画，朴素的空间立刻有了扑面而来的艺术气息，简单大气。

◣ 线条纤细、色彩艳丽的高腿椅子成为空间装饰的重点，与毛皮地毯和帆船模型一同打造出迷人的氛围。

朝街的外立面有各样丰富的装饰。每一所教堂都有自己独特的样貌，很有看点。

装饰方面，智利风格中最具辨识度的就是铜器了。因为探明储量位居世界第一，智利是不折不扣的铜矿之国，与之伴随而来的是智利人超卓的制铜技艺和毫不掩饰的对铜器装饰的偏好。从栩栩如生的举行人物铜像，到各色铜制雕塑、摆件、灯具、器皿，其上还精工细刻着智利人文、历史、自然、宗教、传说等图案和故事，都是智利人家居环境装饰最爱的元素。此外，皮件、羊毛、陶器等，也是

豪华的宫廷风格，来自久远的大航海时代。

水晶灯、丝绒沙发、对称的帘帷，十足的宫廷气质，显露出主人不同寻常的身份。

智利风格的代表元素之一，展现出精美高超的手工技艺和极佳的艺术品位。

全球知名的诺贝尔文学奖得主，智利诗人聂鲁达凭海临风，言之灼灼：没有到过智利，就不了解我们这个星球。面对1万多千米无际的湛蓝，品着醇香的圣卡洛琳娜葡萄酒，很容易想起他著名的忧伤：爱太短，而遗忘太长…… 对每一个向往智利的人而言，大约也会学着感慨：时间苦短，而旅程太长。当然，曾经见过，就是极好。

Argentina
阿根廷

壁炉中跳跃的火苗无比温暖，不规则的几座流露出现代的简约风格。

阿根廷地处南美洲东南部，国土面积仅次于巴西，是南美第二大国。它东濒大西洋，西同智利接壤，北界玻利维亚、巴拉圭，东北部与巴西和乌拉圭为邻。这里地形多样，自然景观非常迷人。

与足球场上蓝、白二色汇成的海洋一起涌动，与酒吧内快乐的人群一起舞动，阿根廷给予我们无限的可能与激情……然而，阿根廷风格却又不同于一贯热烈奔放的拉美风格，它既有巴黎式的奢华底气，又具深入骨髓的落寞气质。阿根廷的建筑与装饰，就如同探戈，在最放纵恣情的时刻也保持着一份清醒……

阿根廷最初是印地安人的聚居地，同巴西一样，在殖

▶ 大面积的白色给人清爽的感觉，木质的房顶和阳光让人宛如置身室外。

民时期前并未能酝酿出发达的印地安文化。在沦为西班牙人的殖民地后，来自世界各地的移民大量聚集，致使当地的印地安土著文化、欧洲文化和随着黑奴而来的非洲文化水乳交融，形成了独特的拉普拉塔河文化。拉普拉塔河文化在各个领域均有相当杰出的表现：建筑和城市几乎是欧洲的翻版，音乐和绘画则拉美味道十足，装饰细节更是丰富多样。

首都布宜诺斯艾利斯（Buenos Aires）在西班牙语中意为“好空气”，它建城已有400年，享有“南美巴黎”的盛名。这里四季分明，气候宜人，建筑样式也很多，有的华丽优雅，极富古典的浪漫气质；有的性感冷静，现代感十足，基本上囊括了欧洲各个时期的著名风格样式，是阿根廷建筑文化的汇集地。和柏林一样，布宜诺斯艾利斯也成了联

▶ 睁眼醒来便能看到窗外的自然，阳光一路弥漫。

▶ 蓝色系的门和地毯，大面积的白色内饰，典型的希腊风格。

▶ 白色的沙发配以紫色系的靠垫，整个房间颇具现代感。

▶ 原始的木质材料与现代家具的奇特组合。

合国教科文组织认定的“设计之都”，只不过它在 2005 年 8 月 24 日就已经得到了这项荣誉。通过公私协作，布宜诺斯艾利斯的设计行业成了当地经济推动的主要元素，这也影响到了整个国家甚至国际市场。这座城市不仅发掘了它多样的经济增长潜力，其设计学科也成了整个拉美经济的带动力量。作为一个有着多元文化、历史以及种族的城市，布宜诺斯艾利斯需要发展具有多样性的创意产业，以带动整个南美大陆的设计工业。布宜诺斯艾利斯时尚、建筑、工业、城市设计的生成，综合了许多最新科技和专业知识，这是一座依靠设计发挥灵性的城市。

布宜诺斯艾利斯古典风格的建筑历史可上溯至 16 至 17 世纪，殖民者们在当地建造的西班牙式样的小巧庭院和罗马、哥特风格的宏伟大教堂，到 19 世纪末 20 世纪初达到辉煌的顶峰。它们是阿根廷第一次世界大战前“黄金时代”

原木家具和装饰成为这里的主角，阳光就是最好的灯光。

简单到不能再简单的木头房间与家具，外面绿色的树木让人仿佛觉得这是一间树屋。

紫色调给人悠远神秘的感觉，与华丽的四柱床一起营造着复古浪漫。

拱形廊门和烛型吊灯完美演绎出殖民时期城堡的感觉。

的见证，其结构匀称，比例优美，注重装饰，用材讲究，洛可可、巴洛克和新古典主义的各个风格流派都得到了充分的运用。现在看来，这些建筑都更具有一份历史沉淀而来的贵族气息，如总统府，又称玫瑰宫，它在布宜诺斯艾利斯市的五月广场内，是标准的意大利风格的建筑。整个建筑楼高三层，但东楼加上地下一层为四层，内部十分简朴，原来的结构都完整保存下来，大理石厅、议会厅和桔园厅都是较为华丽的厅室，保留了巴洛克式风格的优美线条和精致装饰，为朴素的宫殿增添了几分豪华的感觉；科隆剧院，是按照19世纪巴黎歌剧院和维也纳国家歌剧院等欧洲大剧院的传统建筑形式设计的，具有浓郁的欧洲古典剧院风格，既有文艺复兴时期的意大利建筑风格，又有德国建筑的宏伟坚固和法国建筑优美大方的特点；其他如圣马丁宫、帕斯宫等，也都是极为杰出的代表。

布宜诺斯艾利斯大多数的现代建筑均在1989年后的“梅

内姆时代”出现。伴随着IBM、西班牙电信、花旗银行、汇丰银行等全球性大企业纷纷进驻这座都市，一批以玻璃幕墙为标志的现代建筑拔地而起。擅长模仿的阿根廷人甚至在江堤上照着悉尼歌剧院修建了一个贝壳状博物馆，又在码头边来了一组颇似曼哈顿的小建筑群。他们还很有创意地把货运码头改造成了游艇俱乐部，岸上的简易仓库改造成了高档餐馆或博物馆。当夜幕低垂华灯初上，酒吧里迷离攒动的人群和光怪陆离的霓虹招贴便组合成了一幅色彩艳丽的现代油画，似极远又似极近，流露出这个南美国度特有的性感而又疏离的气质。

阿根廷风格的重点并不在于它多元的血统，而在于运用这些元素时独特的态度。不同于拉美风格一贯的热烈奔放，阿根廷始终是冷静自持的，如同探戈，在最放纵恣情的时刻也保持着一份清醒。阿根廷风格钟爱的蓝、白二色

◤ 装饰性的帆船也许诉说着主人远航的梦想，墙上的装饰镜框看似随意，却透露着率性。
◥ 双层床上的毯子充满南美风格，厚实而温暖。
◣ 摆满了饰品的空间一角让人充满探究的好奇。
◢ 略显凌乱的收纳室，由于全部采用原木的装饰而显得朴质粗犷。

◢ 多种色调看似杂乱又互相巧妙融合，空间立刻活泼起来。

◤ 白色的凳面和灯光与吧台形成鲜明对比。

◢ 充足的光线使整个房间给人洁净之感。

搭配，有种旁观者的矜持；古典欧洲贵族的奢华细节被完美地移植，早期航海家和淘金者的野性则一路浓缩为某种图腾，帆船模型、舵盘、风灯……悄悄地在居室的各个角落印下记号。在材质方面，“黄金时代”不计人力物力的习惯也一直延续至今，大理石地面、贵重木材家具、水晶灯、金银镶嵌的器皿也十分常见。

Uruguay 乌拉圭

◤ 现代简约风格的海岸度假屋，纯白的墙体与青翠的棕榈相映生辉。
◣ 精心排布的木条变成别致的遮阳棚，阳光稀稀疏疏的洒下来，心情也雀跃起来了。
◢ 弧形的结构线条是摩尔风格的特征。

乌拉圭位于南美洲东南部，是个草木茂盛、土地肥沃的小国。因为水流丰沛，境内有许多天然或人工湖泊，风光迷人，所以乌拉圭素有“南美瑞士”的美誉，而又因为盛产名贵的紫晶石，它也被称为“钻石之国”。乌拉圭的领土只有17.7万平方千米，但其中85%以上的土地是优质的畜牧和农耕地，是世界上土地可使用率最高的国家。由于地处乌拉圭河和拉普拉塔河以东，所以人们也习惯称之为“东岸”。乌拉圭北部与巴西相邻，西部与阿根廷接壤，东部濒临浩瀚的大西洋。乌拉圭地势平坦，境内大多是起伏舒缓的波状丘陵和平原，平均海拔116米，最高点是也不过513米左右。乌拉圭属于温带气候，四季分明，春天

箭鱼的标本让人体会老人与海中与自然搏斗的乐趣。

华丽大胆的用色，让单调简单的空间变成分外迷人。

凉爽、夏日温暖、秋季湿润，只有冬天稍显寒冷潮湿。以埃斯特角为分界线，东部沿海地区为冲击平原，多湖泊与沙丘，阳光明媚、气候凉爽，海角碧蓝、天色澄清，是休闲度假的好去处。西部地区的拉普拉塔河岸则地势曲折，港湾棋布，是由大西洋进入南美大陆腹地的必经之地，航运业与渔业的中心。中部地区为大库契亚山高地，其间树木丛生，两侧斜坡是一望无际的天然牧场，每到春夏便开满五色花朵，景色疏旷壮丽，令人过目难忘。

英国作家威廉·亨利·哈德森（William Henry Hudson）用“紫色的国土”描绘他记忆中的乌拉圭，念念不忘东岸牧场上连绵摇曳的野花，以及马鞭草花在阳光照射下泛出的淡紫色美丽光芒。革命家意大利人朱塞佩·加里波第（Giuseppe Garibaldi）则着实惊诧于乌拉圭原野上成群结队的牛马、鸵鸟，悠然自得的狮虎，惫懒可爱的水豚、海狮和巨大如上古神兽的犰狳，赞美这里真正是“上帝眷顾的国家”。乌拉圭正如它的名字那样，是一片飞鸟出没

出的乐土，十分的天然野趣，正是这个南美国家迷人风景的写照。

追溯历史，乌拉圭最早的居民是一万多年前的印第安人。以狩猎、捕鱼、采集为生的土著人在漫长的岁月里日出而作、日落而息，直到公元16世纪西班牙探险家横渡大西洋来到拉普拉塔河口，宣布这块土地为西班牙国王所有，打破了昔日的宁静。紧随着西班牙人脚步的还有葡萄牙人，但是他们的征服并不像在其他地方那样轻易。勇敢好战的印第安查鲁亚人给予入侵者迎头痛击，以至于在最初的100多年里西班牙人始终无法建立起成规模的殖民地。17至18世纪，葡萄牙和西班牙在战争与合约之间的反复争夺也推迟了欧洲人对乌拉圭殖民的步伐。18世纪中期沿海地区才出现了几处移民定居的城镇，蒙得维的亚和科洛尼亚是其中最著名的两个，到19世纪初年，从河口到内陆共有13

令人称奇的梁柱完全以不规则的碎石堆叠而起，带来独特的粗犷美感。

简练的直线条家具体现出冷峻硬朗之气。

典型的乌拉圭风格客厅，原木，白色和美丽的手工织毯是不变的装饰元素。

个定居点陆续建立。但随之而起的，就是波澜壮阔的民族独立战争，1825 年乌拉圭摆脱殖民统治，宣告独立建国。

在乌拉圭的人口中绝大部分为白人，是西班牙和意大利移民的后裔，混血人种是印第安人的遗泽，少量的黑色人种则是奴隶贸易时代的见证。曾经的土著、征服者和奴隶们共同造就了乌拉圭丰富多样的文化传承，反映在建筑上，有朴素自然的土著茅屋，有坚固险要的殖民要塞，更有堂皇端严的教堂和大厦，看似各有异趣，却又在乌拉圭悠然恬静的自然风光中浑然一体，演绎出一段精彩华美的凝固乐章，实实引人入胜。

看乌拉圭的建筑，首选当然是“南美洲最美丽的城市”蒙得维的亚。蒙得维的亚名字来自一个普通的葡萄牙水手。传说 1519 年，麦哲伦带领船队驶进拉普拉塔河，一个在桅杆上了望的水手突然看到一片陆地，他于是大喊：我看到一座山（葡萄牙语音是蒙得维的亚），蒙得维的亚之名从此

粗犷的木门和方桌在白色主调的室内空间成为相互呼应装饰的重点。

顺次升高的阶梯为玄关留下富于韵律感的线条。

看似随意手工打造的桌椅，却有一份稚拙的趣味，个性昂然。

线条纤细轻盈的灯具成为室内的点睛之笔。

SIMPLES

闻名于世。当年偶然被发现的这个海拔50米高的小山名叫塞罗山。今日塞罗山因其上建于18世纪初的一座要塞而成为乌拉圭历史的见证。现在的蒙得维的亚因为普拉多公园里的800多种玫瑰而被人们誉为“玫瑰之城”，城市分为旧城和新城两部分。旧城保留了西班牙殖民时代典型的建筑风格：街道布局工整狭窄，沿米格莱特河蜿蜒而上，岸边精致玲珑的西班牙风格别墅星罗棋布，古朴典雅的伊比利亚式建筑和宁静的气氛，是这座旧城最突出的特色。市中心宪法广场18世纪末建造的天主教堂，这是南美洲著名的教堂之一。而新城则遍布广场和街心花园，笔直的“7月18日大道”因纪念宪法日而得名，从起点独立广场到终点立宪塔大约5至6千米长的路段上处处绿树成荫、鲜花环绕，政府大厦、维多利亚大旅馆和索利斯大剧院均是新古典主义的代表作品，匀称挺拔的柱式、轻盈端庄的布局处处显

◤ 木制的窗栅略觉厚重，细致的纯白寝具恰到好处的中和了这种感觉，明媚的绯色玫瑰装饰让卧室充满甜美的女性气息。

◢ 整面墙的落地大窗将庭院与私人起居空间连为一体，阳光和绿意让身心完全放松下来。

半开放式的家庭厨房，在这里吃一顿早餐是慢慢的幸福时光。

简洁的浴室空间，室内仿佛充满了泥土的清香。

洗手间粗犷的装饰和优雅细致的金属龙头形成奇特的对比效果。

亲切随意的厨房，仿佛随时可以飘出烤肉的香气。

露出这个城市与欧洲的血脉联系。

距离蒙得维的亚 120 千米的埃斯特角（Punta del Este），意为“东部之端”，是拉普拉塔河汇入大西洋的地方。这个 18 世纪的小渔村，如今已经成为南美最富盛名的海滨度假地，同时也是重要的的国际会议中心城市。这里树木四季常青，林间温泉密布，沙滩细白，小巧的地中海风格的度假别墅、教堂、博物馆点缀其间，是标准的法国南部海滨小城风光。在海边的鲸鱼角，有一处特殊的建筑——人民之家，大片的白色房屋造型各异，依山傍海连绵而起，仿佛深海动物的形态，其中陈列着乌拉圭著名的美术作品，游人至此常常不知不觉就驻足流连，乐而忘返了。

萨拉门托则是乌拉圭另一种风情的展现。这座始建于 1680 年的小城是当年西班牙和葡萄牙两个殖民强国拉锯征战史的忠实记录者，代表两个国家不同风格的建筑构成了

-0045

◥ 完全对称的布局，让会客空间有种端庄的气质，而艳丽的织毯又带来温暖的家庭气息。

◣ 高挑的斜屋顶让空间非常通气，藤编的家具正是殖民地风格。

城市奇妙的天际线。18世纪上半叶葡萄牙总督安东尼诺·德瓦斯康塞洛斯的宫殿旧址是萨拉门托最可宝贵的文化遗产。而整个城市所采取独特的犬牙交错的街道布局，也和常规的棋盘式布局大不相同。市长广场上的公共花园、厚石墙的古老宅邸、凹凸不平的卵石窄街绵延出一派田园风光，令人在远隔数百年岁月的今天，仍就啧啧称赞不已。

纵观乌拉圭的建筑风格，尤其以殖民时代为重要，西班牙的影响最为强烈，随处可见水景庭院、错落的层次设计、浅色石材、陶瓦、铁艺栏杆、手工造型等标志性的建筑装饰符号。最早的典型建筑出现于18世纪中期，是西班牙建筑中摩尔人风格。在19世纪，乌拉圭建造了一系列重要的教堂、旅馆等公共设施。独立之后，西班牙人的影响为法国风格和意大利风格所取代，19世纪后期的建筑风格则显示出新艺术运动鲜明的影响。规模宏大的国会大厦出自意大利建筑师维克托·梅亚诺，共分4层，高达40米，占地

◤ 整个餐厅空间裸露在自然之中，享受大自然的呼吸吧。

8000 平方米。外部墙上有大量精心制作的浮雕，内部墙壁则以多彩的天然大理石镶嵌，并有众多描绘历史故事的壁画。造型庄严宏伟，线条简洁流畅，是新古典主义的典范之作。2006 年在科洛尼亚落成的航海主题小教堂，白色的砂石与暗色的河水形成鲜明的对比，反射在教堂上，形成一种光影的效果。教堂内部用两座折叠制成的墙体包围，屋顶如船体外壳一样的抛物面，使这座孤立的雕塑般的教堂表现出村落传统的闲适风格，正是 20 世纪以来乌拉圭最具代表性的表现主义风格的完美展现。

◤ 在庭院打造一个自然专属空间，建筑与树丛合围出与世隔绝的气氛。

◥ 开放式的餐厅，无论天气如何变化，都能感受大自然的风光。

◣ 层叠通透的拱券造型，以及它们所带来的独特的景中对景的视觉冲击。

◢ 室内的天花设计通透之余又兼顾了美感。

图书在版编目（CIP）数据

来自新大陆 / 心安工作室编著．—上海：上海科学技术文献出版社，2017
（寻找生活：环球风格阅览）
ISBN 978-7-5439-7378-7

Ⅰ．①来… Ⅱ．①心… Ⅲ．①室内装饰设计—世界—图集 Ⅳ．①TU238.2-64

中国版本图书馆 CIP 数据核字（2017）第 079602 号

责任编辑：孙 嘉
封面设计：周志英

来自新大陆
心安工作室 编著
出版发行：上海科学技术文献出版社
地 址：上海市长乐路 746 号
邮政编码：200040
经 销：全国新华书店
印 刷：河北环京美印刷有限公司
开 本：650×900 1/16
印 张：13
版 次：2022 年 1 月第 2 次印刷
书 号：ISBN 978-7-5439-7378-7
定 价：58.00 元
http://www.sstlp.com